全国高等院校计算机基础教育研究会优秀教材

高等职业教育大数据技术专业系列教材

Python 程序设计

（第二版）

主　编　叶成景　杨叶芬　张鑫月

副主编　汪普庆　裴昭义　刘　鑫

主　审　段班祥

西安电子科技大学出版社

内 容 简 介

本书主要介绍 Python 程序设计的相关内容。全书共 10 章，主要内容包括初识 Python、Python 语言基础、Python 语句流程结构、Python 数据结构、函数与模块、文件与异常处理、tkinter GUI 编程、Python 第三方库的使用、Python 面向对象程序设计和 Python 大数据实战。本书采用"任务驱动"的方式编写，每章均包含一到两个任务，每个任务均按照"任务描述—相关知识—任务实现"的思路进行编排，精心选取典型实例，将知识点融汇其中，并融入了思政内容。

本书可作为高等教育计算机类相关专业的教材，也可作为 Python 爱好者的自学参考书及全国计算机等级考试二级 Python 语言程序设计的考试辅导教材。

图书在版编目 (CIP) 数据

Python 程序设计 / 叶成景，杨叶芬，张鑫月主编 . -- 2 版 . -- 西安：
西安电子科技大学出版社 , 2025. 2. -- ISBN 978-7-5606-7548-0

Ⅰ. TP312.8

中国国家版本馆 CIP 数据核字第 2025SQ7302 号

策　　划　高 樱
责任编辑　高 樱
出版发行　西安电子科技大学出版社 (西安市太白南路 2 号)
电　　话　(029) 88202421　88201467　　　　邮　　编　710071
网　　址　www.xduph.com　　　　　　　电子邮箱　xdupfxb001@163.com
经　　销　新华书店
印刷单位　咸阳华盛印务有限责任公司
版　　次　2025 年 2 月第 2 版　2025 年 2 月第 1 次印刷
开　　本　787 毫米 × 1092 毫米　1/16　印　张　17
字　　数　402 千字
定　　价　52.00 元
ISBN 978-7-5606-7548-0
XDUP 7849002-1
*** 如有印装问题可调换 ***

前 言

随着智能时代的来临，Python 语言越来越受到程序开发人员的喜爱，并得到了广泛应用。Python 语言不仅功能强大、简单易学、开发成本低，而且还有丰富的第三方程序库。从命令行脚本程序到 GUI 程序，从图像处理到科学计算，从软件开发到人工智能，从云计算到虚拟化，所有这些领域都可以看到 Python 的身影，可以说 Python 已经深入程序开发的各个领域，越来越多的人开始学习和使用它。

本书采用"任务驱动"的编写模式，介绍了 Python 开发环境搭建、Python 语言基础知识、Python 程序流程控制语句、Python 数据结构、函数与模块、文件与异常处理、tkinter GUI 编程、Python 第三方库使用、Python 面向对象编程、Python 大数据实战等内容。每章均包含一到两个任务，每个任务均按照"任务描述—相关知识—任务实现"这一思路进行编排，力求把理论知识和实践技能有机地结合在一起。与第一版相比，本版增加了 Python 大数据实战内容，可使读者了解 Python 在信息爬取和图像识别等方面的应用。本书按照学生的认知规律（由浅入深、由简单到复杂、由单项到系统），对内容进行科学合理的安排，每章都提供了习题，通过练习和操作实践帮助读者巩固所学知识。

本书通过提炼课程中的核心思政元素、开发思政元素中的课程思政教育点、实践课程思政教育点以及升华课程思政教育教学系统这 4 个步骤，开发并运用课程蕴含的思政资源，发挥课程思政"师生双向教育""隐性教育""实践型教育"的优势，支持课程有效完成"立德树人"的任务，实现把思想政治工作贯穿于教育教学全过程的目标。例如，本书的任务分别为"大声说：中国，我爱你！""好好学习，天天向上""祝福祖国生日快乐""喝酒不开车，开车不喝酒""解密银行卡""学党史，创佳绩""共学'中国共产党入党誓词'""编写党员信息管理系统""为公益事业作小贡献""完善党员信息管理系统的安全性""优化党员信息管理系统""编写 GUI 存款利息计算器""研习中国四大名著""编写'过家家'游戏程序""爬取京东上华为手机的信息并保存""利用 PyTorch 进行图像识别",这些任务可以吸引读者,激发他们学习的兴趣,并厚植思政情怀。

本书由广东科学技术职业学院的叶成景、杨叶芬、张鑫月担任主编,江西应用科技学院的汪普庆、广东科学技术职业学院的裴昭义和珠海爱浦京软件股份有限公司的刘鑫担任副主编,广东科学技术职业学院的段班祥担任主审。叶成景编写第 1、5、6 章并负责全书的统稿工作,杨叶芬编写第 2、7、9 章,张鑫月编写第 3、4 章,汪普庆编写第 8 章,裴昭义编写第 10 章,刘鑫提供大数据应用开发 (Python) 证书职业技能等级标准及本书配套的典型应用项目。本书中程序的源代码及 PPT 课件等相关资源可以通过电子邮件 yecj2000@163.com 索取。

本书为校企合作教材,可起到深化产教融合的作用。在编写本书的过程中,我们采用了深圳市国顺教育科技有限公司提供的职业技能大赛"工业互联网边缘计算控制技术"的相关课程资源,在此表示衷心的感谢。

本书通俗易懂,每章的任务采用情景导入,适合用作高等职业教育计算机、自动化等相关专业的教材,同时也可作为 Python 爱好者的自学参考书和全国计算机等级考试二级 Python 语言程序设计的考试辅导教材。

本书编者拥有多年 Python 教学经验和项目开发经历,但由于水平有限,书中难免存在不足之处,敬请广大读者批评指正。

编　者
2024 年 12 月

目　录

第 1 章

初识 Python

 学习内容

- Python 语言概述。
- 搭建 Python 环境。
- PyCharm 集成开发环境。
- Python 程序的编写与运行。

 技能目标

- 能理解 Python 程序运行过程。
- 会搭建 Python 环境。
- 会编写及运行 Python 程序。

任务　大声说：中国，我爱你！

课程思政

▼ 任务描述

　　1949 年 10 月 1 日，中华人民共和国成立。70 多年来，中国人民风雨兼程，砥砺奋进，共筑中华民族伟大复兴的中国梦！本次的任务是使用 Python 程序来表达兴奋的心情，即利用 PyCharm 集成开发环境编写 HelloChina 程序，输出"中国，我爱你！"。

▼ 相关知识

一、Python 语言概述

1. Python 语言的发展

Python 语言概述

Python 语言诞生于 1990 年，由吉多·范罗苏姆 (Guido van Rossum) 设计并领导开发。

1989 年 12 月，Guido 考虑启动一个开发项目以打发圣诞节前后的时间，最后他决定为当时正在构思的一个新的脚本语言写一个解释器，由此诞生了 Python 语言。该语言以 "Python" 命名，源于 Guido 对当时一部英国电视剧 *Monty Python's Flying Circus* 的极大兴趣。虽然 Python 语言的诞生是个偶然事件，但此后 20 多年持续不断的发展将这个偶然事件变成了计算机技术发展过程中的一件大事。

  Python 语言是免费和开源的，无论用于何种用途，开发人员都不需要支付任何费用，也不用担心版权问题，可以在 Python 官网 (https://www.python.org) 自由下载使用。Python 软件基金会 (Python Software Foundation，PSF) 作为一个非营利组织，拥有 Python 2.1 版本之后所有版本的版权，该组织致力于更好推进并保护 Python 语言的开放性。

  2000 年 10 月，Python 2.0 正式发布，开启了 Python 广泛应用的新时代。2010 年，Python 2.x 系列发布了最后版本，其主版本号为 2.7，用于终结 2.x 系列版本的发展，并且不再进行重大改进。

  2008 年 12 月，Python 3.0 正式发布，这个版本在语法层面和解释器内部做了很多重大改进，解释器内部采用完全面向对象的方式实现。这些重要修改所付出的代价是 3.x 系列版本代码无法向下兼容 Python 2.x 系列版本的既有语法，因此，所有基于 Python 2.x 系列版本编写的库函数都必须修改后才能被 Python 3.0 解释器运行。

  经过多年的发展，Python 已经成为最受欢迎的程序设计语言之一。在 2024 年 12 月的 TIOBE 程序设计语言排行榜中，Python 在众多的程序设计语言中超过 C++ 和 Java，处于第一位，如图 1-1 所示。

TIOBE Index for December 2024

December Headline: Python is about to become the language of the year

Next month, TIOBE will reveal the programming language of the year 2024. This award is given to the programming language with the highest increase in ratings in one year. Since Python gained 10% ratings in one year, it will probably receive this prestigious title next month. Runners up Java and JavaScript made a year to year jump of +1.73% and +1.72% respectively. That is positive, but it seems marginal if compared to the gigantic leap of Python in 2024. Python is unstoppable thanks to its support for AI and data mining, its large set of libraries and its ease of learning. Now that some say that the AI bubble is about to burst plus the fact that demand for fast languages is rapidly increasing, Python might start to plateau. Let's see whether this happens.

Author:

Paul Jansen
Chief Executive Officer

[in] Follow Paul Jansen on LinkedIn

The TIOBE Programming Community index is an indicator of the popularity of programming languages. The index is updated once a month. The ratings are based on the number of skilled engineers world-wide, courses and third party vendors. Popular web sites Google, Amazon, Wikipedia, Bing and more than 20 others are used to calculate the ratings. It is important to note that the TIOBE index is not about the *best* programming language or the language in which *most lines of code* have been written.

The index can be used to check whether your programming skills are still up to date or to make a strategic decision about what programming language should be adopted when starting to build a new software system. The definition of the TIOBE index can be found here.

Dec 2024	Dec 2023	Change		Programming Language	Ratings	Change
1	1			Python	23.84%	+9.98%
2	3	^		C++	10.82%	+0.81%
3	4	^		Java	9.72%	+1.73%
4	2	v		C	9.10%	-2.34%

图 1-1　2024 年 12 月的 TIOBE 程序设计语言排行榜

2. Python 语言的特点

Python 语言简单易懂，对于初学者而言，它很容易入门，而且随着学习的深入，学习者可以使用 Python 语言编写非常复杂的程序。当然，编程语言不可能是完美的，总有自己的优势与劣势，Python 也一样，也有自己的优缺点。

1) Python 语言的优点

Python 语言的优点如下：

(1) 简单、易学。实现相同功能，Python 语言的代码行数仅相当于其他语言的 1/10～1/5。同时，Python 语言的关键字比较少，没有分号，代码块使用空格或制表键（"Tab"键）缩进的方式来分隔，简化了循环等语句，所以 Python 语言的代码简洁、短小、易于阅读。

(2) 免费、开源。Python 是 FLOSS（自由/开源软件）之一。简单地说，用户可以自由地发布这个软件的副本，查看和更改其源代码，并在新的免费程序中使用它。

(3) 互动模式。Python 支持互动模式，可以从终端输入执行代码并获得结果，互动测试和调试代码。

(4) 可移植。由于具有开源的本质，Python 已经被移植在许多平台上。

(5) 可扩展。如果需要一段运行很快的关键代码，或者是编写一些不愿开放的算法，那么可以使用 C 语言或 C++ 语言完成那部分程序，然后从 Python 程序中调用。

(6) 可嵌入。Python 可以嵌入 C、C++ 程序中，为程序用户提供"脚本"功能。

(7) 支持中文。Python 解释器采用 UTF-8 编码表达所有字符信息。UTF-8 编码可以表达英文、中文等各类语言。

(8) 丰富的第三方库。Python 有丰富而且强大的第三方库，而且由于 Python 的开源特性，其第三方库非常多，如用于 Web 开发、网络爬虫、科学计算等的库。

2) Python 语言的缺点

Python 语言虽然有很多优点，但也不是完美的，它也有自身的缺点，如下所述：

(1) 运行速度慢。由于 Python 是解释型语言，所以它的运行速度会比 C、C++ 慢一些，但是不影响使用。由于现在的硬件配置都非常高，基本上没有影响，除非是一些实时性比较强的程序可能会受到影响，但是也有解决办法，如可以嵌入 C 程序。

(2) 强制缩进。如果读者有其他语言的编程经验，如 C 语言或 Java 语言，那么 Python 的强制缩进一开始会让用户很不习惯。但是如果习惯了 Python 的缩进语法，用户就会觉得它非常美观。

3. Python 语言的应用领域

Python 具有广泛的应用范围，常用的应用领域如下：

(1) 常规软件开发。Python 支持函数式编程和面向对象编程，能够承担任何种类软件的开发工作，因此常规的软件开发、脚本编写、网络编程等都可以使用 Python。

(2) 科学计算。随着 NumPy、SciPy、Matplotlib、Sklearn 等众多科学计算库的开发，Python 越来越适合用于科学计算、绘制高质量的 2D 和 3D 图像等。

(3) 系统管理与自动化运维。Python 提供许多有用的 API，能方便地进行系统维护和管理。作为 Linux 的标志性语言之一，Python 是很多系统管理员理想的编程工具。同时，

Python 也是运维工程师的首选语言，在自动化运维方面已经深入人心。例如，基于 Python 开发的 Saltstack 和 Ansible 都是大名鼎鼎的自动化运维平台。

(4) 云计算。开源云计算解决方案 OpenStack 就是基于 Python 开发的。

(5) Web 开发。基于 Python 的 Web 开发框架非常多，如 Django、Tornado 等。

(6) 网络爬虫。网络爬虫是大数据行业获取数据的核心工具，许多大数据公司都在使用网络爬虫获取数据。能够编写网络爬虫的编程语言很多，Python 绝对是其中的主流语言之一，Scrapy 网络爬虫框架的应用非常广泛。

(7) 数据分析。在大量数据的基础上，结合科学计算、机器学习等技术，对数据进行清洗、去重标准化和有针对性的分析是大数据行业的基石。Python 是目前用于数据分析的主流语言之一。

(8) 人工智能。Python 在人工智能领域内的机器学习、神经网络、深度学习等方面都是主流的编程语言，得到广泛的支持和应用。例如，著名的深度学习框架 TensorFlow、PyTorch 都对 Python 有非常好的支持。

二、搭建 Python 环境

1. Python 的下载和安装

Python 已经被移植到许多平台上，如 Windows、Mac、Linux 等主流系统平台，可以根据需要为这些平台安装 Python。在 Mac 和 Linux 系统中，默认已经安装了 Python。如果需要安装其他版本的 Python，可以登录 Python 官网，找到相应系统的 Python 安装文件进行安装。

搭建 Python 环境

在 Windows 系统平台安装 Python 的具体操作步骤如下：

(1) 打开浏览器，访问 Python 官网 (https://www.python.org)，如图 1-2 所示。

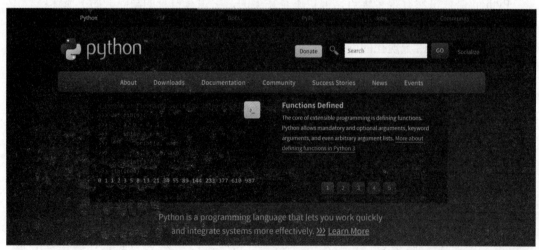

图 1-2　Python 官网

(2) 选择 "Downloads" 菜单下的 "Windows" 命令，选择 Python 的 Windows 版本，如图 1-3 所示。

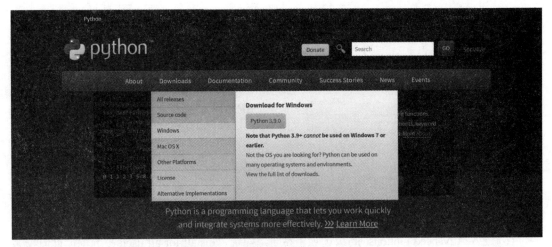

图 1-3　选择 Python 的 Windows 版本

(3) 找到 Python 3.9.0 的安装包 (本书以 Python 3.9.0 版本为例)，如果 Windows 系统版本是 32 位的，则单击 "Windows x86 executable installer" 超链接，然后下载；如果 Windows 系统版本是 64 位的，则单击 "Windows x86-64 executable installer" 超链接，然后下载，如图 1-4 所示。

图 1-4　下载 Python 安装包

(4) 下载完成后，双击运行所下载的文件，弹出 Python 安装界面，如图 1-5 所示。Python 提供了两种安装方式，即 Install Now(按默认设置安装) 和 Customize installation(自定义安装)。这里选择 "Customize installation" 选项，并勾选 "Add Python 3.9 to PATH" 选项，之后即可将 Python 安装目录添加到系统环境变量中，方便在 Windows 的命令提示符下运行 Python 解释器。

(5) 进入 Optional Features(可选功能) 界面，如图 1-6 所示。这里采用默认方式，单击 "Next" 按钮。图 1-6 中列出的部分选项说明如下：

· "Documentation" 选项表示安装 Python 文档。

· "pip" 选项表示安装 pip 工具，其用于下载安装 Python 的第三方库。

· "tcl/tk and IDLE" 选项表示安装 tkinter 和 Python 集成开发环境 (Integrated Development Environment，IDE)。

• "Python test suite"选项表示安装用于测试的标准库。

图 1-5　Python 安装界面

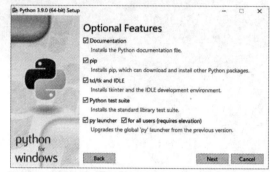

图 1-6　Optional Features(可选功能) 界面

(6) 进入 Advanced Options(高级选项) 界面，勾选"Install for all users"选项，此时安装目录会发生变化，如图 1-7 所示。图 1-7 中列出的所有选项说明如下：

• "Install for all users"选项表示是否为全部用户安装 Python，不选表示只为当前用户安装。若要允许其他用户使用 Python，可选中该选项。

• "Associate files with Python(requires the py launcher)"选项表示安装 Python 相关文件，默认安装。

• "Create shortcuts for installed applications"选项表示为 Python 创建开始菜单选项，默认安装。

• "Add Python to environment variables"选项表示为 Python 添加环境变量，默认安装。

• "Precompile standard library"选项表示预编译 Python 标准库，预编译可以提高程序运行效率，暂时可不选该选项。

• "Download debugging symbols"选项表示下载调试标识，暂时可不选该选项。

• "Download debug binaries(requires VS 2017 or later)"选项表示下载 Python 可调试二进制代码 (用于微软的 Visual Studio 2017 或更新版本)。

(7) 单击"Install"按钮，Python 开始自动安装。安装完成后，进入 Setup was successful (安装成功) 界面，单击"Close"按钮即可完成 Python 的安装，如图 1-8 所示。

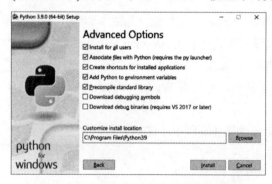

图 1-7　Advanced Options(高级选项) 界面

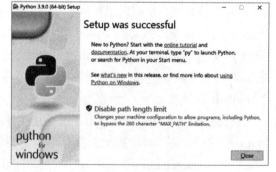

图 1-8　完成安装界面

安装完成后，在 Windows 中单击"开始"菜单，找到"Python 3.9"选项再单击鼠标左键，即可看到 Python 相关程序菜单，如图 1-9 所示。在 Python 菜单项中包括以下 4 项：

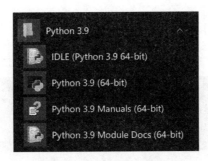

图 1-9 Python 程序菜单

- IDLE(Python 3.9 64-bit)：用于打开 Python 集成开发环境，即 IDLE。
- Python 3.9(64-bit)：用于打开 Python 命令行工具，等同于在 Windows 命令行执行 Python.exe。
- Python 3.9 Manuals(64-bit)：用于打开 chm 格式的 Python 手册。
- Python 3.9 Module Docs(64-bit)：用于打开 HTML 版的 Python 参考文档。

2. Python 程序的运行方式

安装 Python 成功之后，就可以运行 Python 程序。Python 的运行方式有 3 种：Windows 系统的命令行工具 (cmd)、带图形界面的 Python Shell-IDLE 和命令行版本的 Python Shell-Python 3.9。下面简单介绍这 3 种方式的具体操作。

1) Windows 系统的命令行工具 (cmd)

cmd 即计算机命令行提示符，是 Windows 环境下的虚拟 DOS 窗口。在 Windows 系统下通过"所有程序"列表查找搜索到 cmd，如图 1-10 所示。

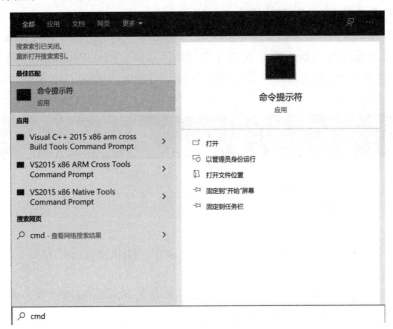

图 1-10 搜索 cmd 界面

选择"命令提示符"选项或按回车键即可打开 cmd，输入"python"，按回车键，如

果出现 ">>>" 符号，则说明已经进入 Python 交互式编程环境，如图 1-11 所示。如果输入 "exit()"，则可退出。

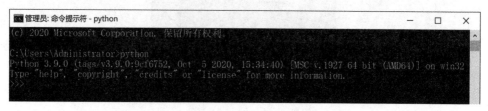

图 1-11　Python 交互式编程环境

2) 带图形界面的 Python Shell-IDLE

IDLE 是开发 Python 程序的基本集成开发环境，由 Guido 亲自编写。IDLE 适合用来测试，演示一些简单代码的执行效果。在 Windows 系统下安装好 Python 后，可以在 "开始" 菜单中找到 Python 程序菜单 (如图 1-9 所示)，选择 "IDLE(Python 3.9 64-bit)" 选项即可打开环境界面，如图 1-12 所示。

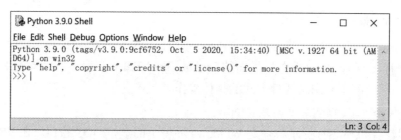

图 1-12　Python 3.9.0 Shell 界面

3) 命令行版本的 Python Shell-Python 3.9

命令行版本的 Python Shell-Python 3.9 的打开方法和 IDLE 的打开方法是一样的。在 Windows 系统下安装好 Python 后，可以在 "开始" 菜单中找到 Python 程序菜单 (如图 1-9 所示)，选择 "Python 3.9 (64-bit)" 选项即可打开环境界面，如图 1-13 所示。

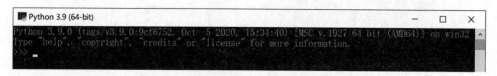

图 1-13　Python 3.9 (64-bit) 界面

3. Python 程序初体验

1) 在命令行中开发 Python 程序

【例 1-1】　编写一段 Python 程序，在命令行输出 "Hello Python"。

实现步骤如下：

(1) 打开命令提示符界面，输入命令 "Python" 进入 Python 环境。

(2) 在 Python 环境中输入 "print("Hello Python")"，按回车键。

具体操作步骤是：首先在命令提示符界面输入 "python"，进入 Python 环境，随后在 ">>>" 符号后输入 Python 代码 "print("Hello Python")"，并按回车键运行代码，则会打印输出"Hello Python"。print() 是 Python 中的一个内置函数，它接收字符串作为输出参数，并打印输出这些字符。

程序输出结果如图 1-14 所示。

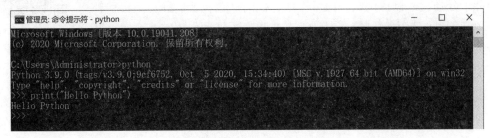

图 1-14　命令行输出"Hello Python"

2) 使用文本编辑器编写 Python 程序

用命令行编写 Python 程序，每次只能执行较少代码。用文本编辑器编写 Python 程序，可以实现一次运行多行代码。用文本编辑器编写代码之后，以后缀名 (扩展名).py 保存，可在命令行中运行这个文件。

【例 1-2】　使用文本编辑器编写 Python 程序，实现在命令行输出"Hello Python"和"I Like Python"，并且这两句话之间需要换行。

实现步骤如下：

(1) 在路径"D:\"下新建文本文件 Python.txt。

(2) 在 Python.txt 中写入以下内容：

```
print("Hello Python")

print("I Like Python")
```

在保存时，将文件另存为 Python.py。

(3) 打开命令提示符界面，输入"D:"命令进入 D 盘根目录，之后输入"python Python.py"，用 Python 命令执行这个文件。

输出结果：

```
Hello Python

I Like Python
```

程序运行结果如图 1-15 所示。

图 1-15　命令行执行 Python.py 文件

在实际工作中，直接在命令行和文本编辑器中编写代码的情况非常少。绝大多数情况下，开发人员都是在集成开发环境中开发程序的。

三、PyCharm 集成开发环境

PyCharm 是 JetBrains 公司开发的 Python 集成开发环境。PyCharm 的功能十分强大，包括调试、项目管理、代码跳转、智能提示、自动补充、单元测试、版本控制等，对编程有非常大的辅助作用，十分适合开发较大型项目，也非常适合初学者。

PyCharm 集成
开发环境

1. 安装 PyCharm 集成开发环境

PyCharm 可以跨平台使用，分为社区版和专业版，其中社区版是免费的，专业版是需付费使用的。对于初学者来说，两者差距不大。在使用 PyCharm 之前需安装，具体安装步骤如下：

(1) 打开 PyCharm 官网 (https://www.jetbrains.com/pycharm)，单击"Download"按钮，如图 1-16 所示。

图 1-16　PyCharm 官网

(2) 选择 Windows 系统的社区版，单击"Download"按钮即可进行下载，如图 1-17 所示。

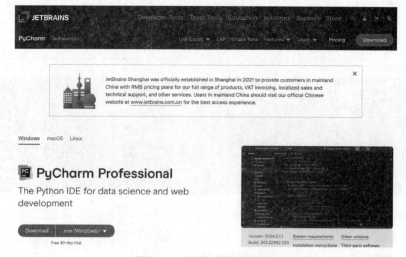

图 1-17　选择社区版并下载

(3) 下载完成后，双击安装包打开安装向导，单击"Next"按钮，如图 1-18 所示。

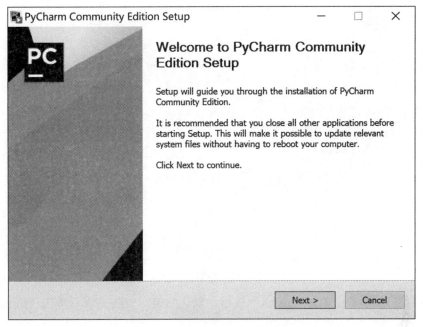

图 1-18　欢迎 PyCharm 安装界面

(4) 在打开的界面中自定义软件安装路径，建议不要使用中文字符，单击"Next"按钮，如图 1-19 所示。

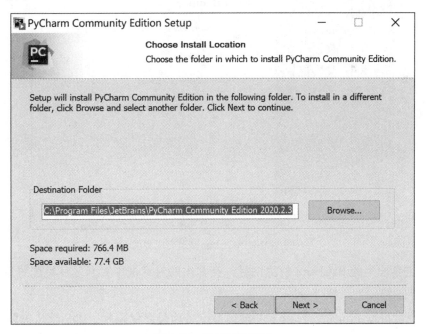

图 1-19　选择安装路径

(5) 在打开的界面中根据自己计算机的系统选择位数，创建桌面快捷方式并关联后缀名为 .py 的文件，单击"Next"按钮，如图 1-20 所示。

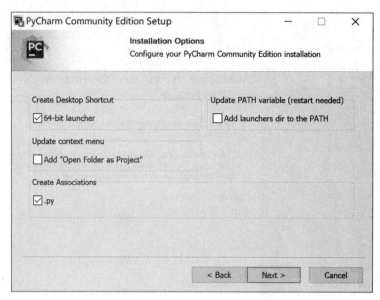

图 1-20 选择位数并关联文件

(6) 在打开的界面中单击"Install"按钮，默认安装。安装完成后单击"Finish"按钮，如图 1-21 所示。

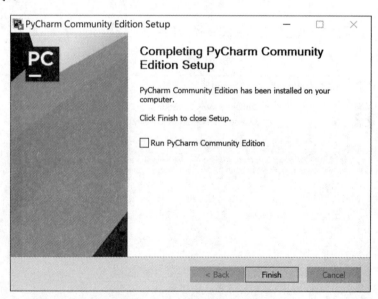

图 1-21 PyCharm 安装完成界面

(7) 双击桌面上的 PyCharm 快捷图标，在弹出的对话框中对开发环境配置后会弹出如图 1-22 所示的窗口，选择"+New Project"选项创建新项目。

(8) 打开"New Project"窗口，可设置自定义项目存储路径、IDE 默认关联 Python 解释器等，单击"Create"按钮，如图 1-23 所示。

(9) 弹出提示信息，选择在启动时不显示提示（"Don't show tips"），单击"Close"按钮，如图 1-24 所示。

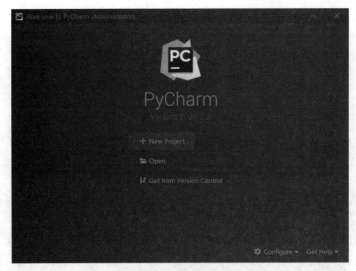

图 1-22　创建新项目

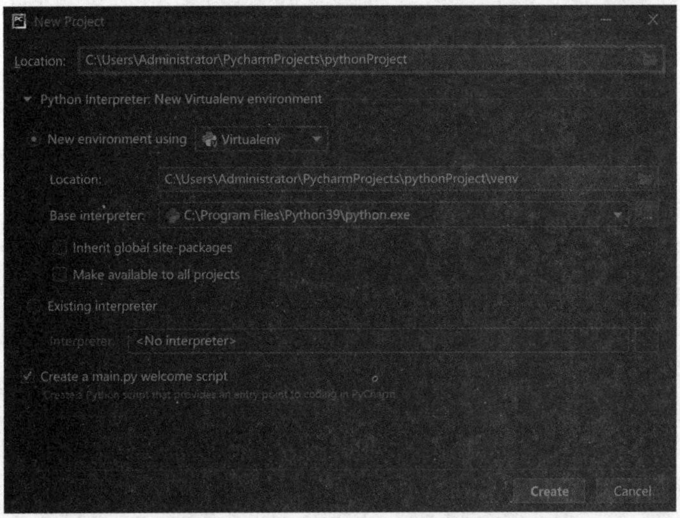

图 1-23　自定义项目存储路径

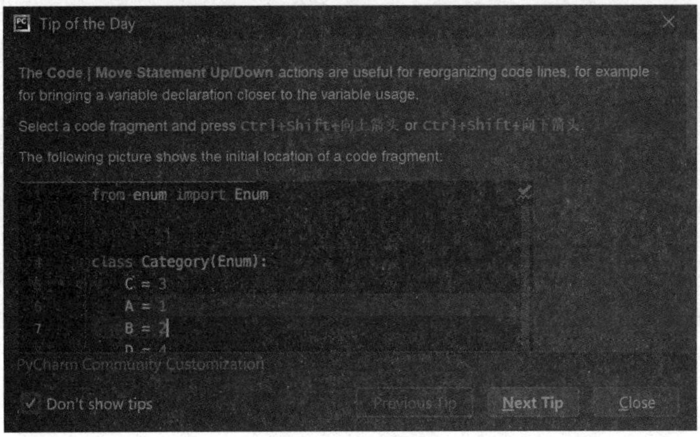

图 1-24　IDE 提示

此时就进入了 PyCharm 界面，如图 1-25 所示。

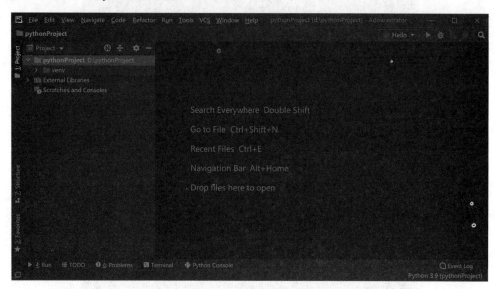

图 1-25　PyCharm 界面

2. 使用 PyCharm

(1) 新建好项目 (此处项目名为 pythonProject) 后，还要新建一个后缀名为 .py 的文件。用鼠标右击项目名 "pythonProject"，选择 "New" → "Python File" 命令，如图 1-26 所示。

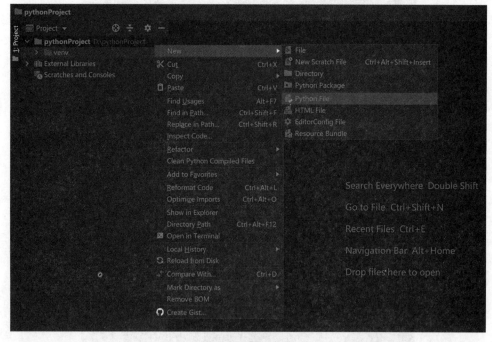

图 1-26　新建文件

(2) 在弹出的对话框中输入后缀名为 .py 的文件的文件名 (如 Hello)，如图 1-27 所示。输入完文件名后，双击 "Python file" 即可打开此脚本文件，此时就可以正常编程了。

图 1-27　打开脚本文件

(3) 在 Hello.py 文件中输入代码"print("Hello Python")",之后在代码输入空白区域单击鼠标右键,选择 Run 命令执行代码,如图 1-28 所示。

图 1-28　执行 Python 文件

(4) 在 PyCharm 下方的控制台可以看到"Hello Python"已经被打印输出了,如图 1-29 所示。

图 1-29　控制台输出

四、Python 程序的编写与运行

1. Python 程序的运行过程

Python 是一种解释执行的语言,所以它在运行时需要一个解释器,还需要程序运行时支持的库。该库包含一些已经编写好的组件、算法、

Python 程序的
编写与运行

数据结构等。

Python 运行过程大致分为以下 3 个步骤：

(1) 由开发人员编写程序代码，也就是编码阶段。

(2) 解释器将程序代码编译为字节码，字节码是以后缀名为 .pyc 的文件形式存在的，默认放置在 Python 安装目录的 peache 文件夹下，主要作用是提高程序的运行速度。一段代码会被编译成字节码放在 peache 文件夹的缓存中，当下次再运行该代码时，解释器首先判断该代码是否改变过，如果没有改变过，解释器会从编译好的字节码缓存中调取后运行，这样就可以加快程序的运行速度。

(3) 解释器将编译好的字节码载入一个 Python 虚拟机 (Python Virtual Machine) 中运行。Python 程序的运行过程如图 1-30 所示。

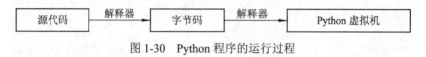

图 1-30　Python 程序的运行过程

2. 编写与运行 Python 小程序

前面编写的 Python 程序只有一行或两行代码，这里给出多行代码的 Python 小程序，并尝试在 Python 交互式编程环境和 PyCharm 集成开发环境下运行。读者可暂时忽略这些实例中程序的具体语法含义，这是以后要学习的内容。需要注意的是，# 后面的文字是注释，仅用来帮助读者理解程序，不影响程序执行，可以不用输入。

1) 圆面积的计算

根据圆的半径计算圆的面积。在 Python 交互式编程环境下运行：

```
>>>radius=25                    # 圆的半径是 25
>>>area=3.1415*radius*radius    # 输入计算圆面积的公式
>>>print(area)
1963.4375000000002
>>>print("{:.2f}".format(area)) # 只输出两位小数
1963.44
```

在 PyCharm 集成开发环境模式下运行：

```
radius=2                     # 圆的半径是 25
area=3.1415*radius*radius    # 输入计算圆面积的公式
print(area)
print("{:.2f}".format(area)) # 只输出两位小数
```

2) 简单的人名对话

对用户输入的人名给出一些不同的回应。在 Python 交互式编程环境下运行：

```
>>>name= input(" 输入姓名 :")
输入姓名 : 郭靖
>>>print("{} 同学 , 学好 Python, 前途无量 !".format(name))
```

郭靖同学 , 学好 Python, 前途无量 !

>>>print("{} 大侠 , 学好 Python, 大展拳脚 !".format(name[0]))

郭大侠 , 学好 Python, 大展拳脚 !

>> print("{} 哥哥 , 学好 Python, 人见人爱 !".format(name[1:]))

靖哥哥 , 学好 Python, 人见人爱 !

在 PyCharm 集成开发环境模式下运行:

```
name= input(" 输入姓名 :")
print("{} 同学 , 学好 Python, 前途无量 !".format(name))
print("{} 大侠 , 学好 Python, 大展拳脚 !".format(name[0]))
print("{} 哥哥 , 学好 Python, 人见人爱 !".format(name[1:]))
```

3) 同切圆的绘制

绘制 4 个不同半径的同切圆。在 Python 交互式编程环境下运行:

```
>>>import turtle                    # 导入 turtle 库
>>>turtle. pensize(2)               # 设置画笔宽度为 2 像素
>>>turtle.circle(10)                # 绘制半径为 10 像素的圆
>>>turtle.circle(40)                # 绘制半径为 40 像素的圆
>>>turtle.circle(80)                # 绘制半径为 80 像素的圆
>>>turtle.circle(160)               # 绘制半径为 160 像素的圆
```

在 PyCharm 集成开发环境模式下运行:

```
import turtle                       # 导入 turtle 库
turtle.pensize(2)                   # 设置画笔宽度为 2 像素
turtle.circle(10)                   # 绘制半径为 10 像素的圆
turtle.circle(40)                   # 绘制半径为 40 像素的圆
turtle.circle(80)                   # 绘制半径为 80 像素的圆
turtle.circle(160)                  # 绘制半径为 160 像素的圆
```

随着每条语句的被执行，都会启动一个窗体显示如图 1-31 所示的一组同切圆。

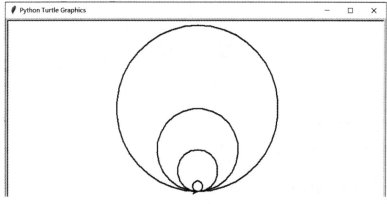

图 1-31　4 个不同半径的同切圆

▼ 任务实现

操作步骤如下：

(1) 打开 PyCharm，新建一个名为 pythonProject 的项目并保存在 D 盘根目录下。

(2) 在 pythonProject 项目中新建一个 HelloChina.py 文件。

(3) 在 HelloChina.py 文件中输入代码"print(" 中国，我爱你！")"，如图 1-32 所示。

(4) 在代码输入空白区域单击鼠标右键，选择 Run 命令执行代码，在 PyCharm 下方的控制台可以看到"中国，我爱你！"已经被打印输出了。

图 1-32　HelloChina.py 文件中输入的内容

【练一练】 编写一个 Python 程序文件，输出下面的结果：

学习 Python 编程

学习 Python 编程

学习 Python 编程

学习 Python 编程

学习 Python 编程

小　结

本章首先简单介绍了 Python 语言的发展及其特点和应用领域，了解这些内容有助于更好地学习 Python；然后介绍了 Python 交互式编程环境的搭建和 PyCharm 集成开发环境的安装及使用；最后详细介绍了在不同环境模式下 Python 程序的编写与运行，作为后续章节学习的基础。

习　题

一、选择题

1. Python 语言属于 (　　)。

A. 机器语言 　　　　　　　　　　B. 汇编语言

C. 高级语言 　　　　　　　　　　D. 以上都不是

2. Python 程序执行的方式为 (　　)。

A. 编译执行 　　　　　　　　　　B. 解析执行

C. 直接执行　　　　　　　　　　D. 边编译边执行

3. 以下 (　　) 不是 Python 的特性。

A. 跨平台　　　　　　　　B. 可嵌入

C. 收费使用　　　　　　　D. 可拓展

4. Python 编写的程序文件的扩展名是 (　　)。

A. .java　　　　　　　　B. .c

C. .py　　　　　　　　　D. 以上都不是

5. Python 程序的运行方式不包括 (　　)。

A. Windows 系统的命令行工具 (cmd)

B. 带图形界面的 Python Shell-IDLE

C. 命令行版本的 Python Shell

D. 使用文本编辑器

二、程序题

1. 创建一个 Python 程序，输出其结果，代码如下：

```
a=12
b=9
c=a+b
print(c)
print('abc')
```

2. 创建一个 Python 程序，输出 10 个 10 以内的随机整数，代码如下：

```
import random
print(' 输出 10 个 10 以内的随机整数 : ')
for i in range(10):
    print(random.randrange(10),end=' ')
```

3. 创建一个 Python 程序，输出九九乘法表，代码如下：

```
for i in range (1,10):
    for j in range(1,i+1):
        print('%s*%s=%-2s' %(i,j, i*j),end=' ')
    print()
```

4. 创建一个 Python 程序，计算输入整数的阶乘，代码如下：

```
def fac(n):
    if n= =0:
        return 1
    else:
        return n*fac(n-1)
a=eval( input(' 请输入一个整数 : '))
print (a,'!=', fac(a))
```

5. 创建一个 Python 程序，绘制图形，代码如下：

```python
from turtle import *
color('red','yellow')
begin_fill()
while True:
    forward(200)
    left(170)
    if abs(pos())<1:
        break
end_fill()
done()
```

第 2 章

Python 语言基础

 学习内容

- Python 语言的基本词法。
- 变量和赋值。
- 数据类型：数字。
- 数字运算。
- 数据类型：字符串。
- 数据类型操作。

技能目标

- 能熟练运用 Python 语言的基本词法。
- 能理解 Python 变量的类型及赋值。
- 能运用 Python 数字类型的各种数据及其运算。
- 能使用 Python 字符串类型数据进行各种操作。
- 能对各种不同数据类型进行判断及转换。

任务一　好好学习，天天向上

课程思政

▼ 任务描述

　　1951 年，毛泽东主席题词"好好学习，天天向上"，成为激励一代代中国人奋发图强的经典短语。那么"天天向上"的力量有多强大呢？例如，一年 365 天，以第一天的能力为基数，记为 1.0。当一个人好好学习时，能力值相比前一天提高 1‰；当一个人不学习时，能力值相比前一天下降 1‰。这样每天努力或每天放任，那么一年下来的能力值相差是多少呢？本次的任务是使用 Python 程序来演算"天天向上"的力量。

Python 语言
的基本词法

一、Python 语言的基本词法

Python 语言作为计算机的一种程序设计语言，有它自己允许使用的标识符和关键字，也有自己的各种规则和词法，因此要想写出符合要求的 Python 程序，必须学习和遵守这些规则和词法。

1. 缩进

Python 语言采用严格缩进来表明代码的层次关系。在代码编写中，缩进可以用"Tab"键或多个空格实现。

在 Java、C/C++ 等语言中，用花括号中的内容表示代码块，例如：

```
if(x>100){
    y=x*5-1;
}
else{
    y=0;
}
```

而 Python 使用缩进或空格来表示代码块，通常语句末尾的冒号表示代码块的开始，例如：

```
if x>100:
    y=x*5-1
else:
    y=0
```

2. 注释

注释是程序员在代码中加入的一行或多行信息，用来对语句、函数、数据结构或方法等进行说明。注释是辅助性文字，会被编译或解释器略去，不被计算机执行。Python 语言中的注释有两种：单行注释和多行注释。单行注释以 # 开头，多行注释以 3 个英文的单引号 ("'") 或 3 个英文的双引号开头和结尾，例如：

```
"""
多行注释开始
下面的代码根据变量 x 的值计算 y 的值
注意代码中使用缩进表示代码块
多行注释结束
"""
x=5
```

```
if x>100:
    y=x*5-1              # 单行注释：x>100 时执行该语句
else:
    y=0                  # 单行注释：x<=100 时执行该语句
print(y)                 # 单行注释：输出 y 的值
```

3. 续行

通常，Python 中的一条语句占一行，没有类似于 C 语言中的分号等语句结束符号。在遇到较长的语句时，可使用语句续行符号，将一条语句写在多行之中。Python 有两种续行方式。一种是使用"\"符号，例如：

```
if x<100\
    and x>10:
    y=x*5-1
else:
    y=0
```

应注意在"\"符号之后不能有任何其他符号，包括空格和注释。

另一种续行方式是使用括号 (包括圆括号 ()、方括号 [] 和大括号 { } 等)，括号中的内容可分多行书写，括号中的空白和换行符都会被忽略，例如：

```
if ( x<100              # 这是使用括号进行续行
    and x>10):
    y=x*5-1
else:
    y=0
```

4. 分隔

Python 使用分号分隔语句，从而可将多条语句写在一行，例如：

```
print(10);print(5+2)
```

如果冒号之后的语句块只有一条语句，则 Python 允许将语句写在冒号之后。冒号之后也可以是分号分隔的多条语句，例如：

```
if x<100 and x>10:y=x*5-1
else:y=0;print('x>=100 ||x<=10')
```

5. 标识符

标识符用来识别变量、函数、类、模块以及对象的名称。标识符的第一个字符必须是字母 (A～Z 或 a～z) 或下画线，其后的字符可以是字母、下画线或数字 (0～9)。但是它有以下几方面的限制：

- Python 标识符区分大小写，如 Data 和 data 为不同的名称。
- 以双下画线开始和结束的名称通常具有特殊的含义，如 __init__ 为类的构造函数，要避免使用。

- 一些特殊的名称，如 is、if、for 等作为 Python 语言的保留关键字，不能作为标识符。

6. 关键字

关键字即预定义保留标识符。关键字有特殊的语法含义，不能在程序中作为标识符，否则会产生编译错误。Python 的关键字共有 33 个：False、None、True、and、as、class、def、elif、in、lambda、finally、from、if、raise、not、is、nonlocal、or、try、pass、return、while、yield、with、assert、continue、del、else、except、break、for、global、import。

7. 命名规则

Python 语言一般遵循的命名规则如表 2-1 所示。

表 2-1　Python 的命名规则

类　型	命　名　规　则	举　例
模块 / 包名	全小写字母，简单有意义，如果需要可以使用下画线	math、sys
函数名	全小写字母，可以使用下画线增加可阅读性	foo()、my_fune()
变量名	全小写字母，可以使用下画线增加可阅读性	age、my_var
类名	采用"驼峰"命名规则，即多个单词组成名称，每个单词除第一个字母大写外，其余的字母均小写	MyClass
常量名	全大写字母，可以使用下画线增加可阅读性	LEFT、TAXRATE

二、变量和赋值

在计算机程序中，需要处理大量带有数值的数据，在求解数学问题时，通常会选取合适的名字来表示这些量值。在程序中，若需要对两个或多个数据计算，则需要先把这些数据存储起来，然后再进行计算。

变量和赋值

1. 变量与类型

变量是在程序中可能会变化的值。在 Python 中，存储一个数据需要利用变量，例如：

```
number1=25                  # number1 就是一个变量
number2=100                 # number2 也是一个变量
result=number1+number2      # 把 number1 和 number2 中存储的数据累加起来，然后放到新的 result
                            # 变量中
```

这一过程被称为"将值存储在变量中"，即存储在计算机内存中的某个位置。在实际使用中，往往只需记住存储变量时所用的名字并直接调用这个名字即可，不需要知道这些信息在内存中的具体存储位置。

Python 中的变量指向存储在内存中的某个值，可以理解为标签。变量应尽量选择描述性的名字，而不是用像 x 和 y 这样的名字。例如，用 radius 作为半径值的变量，而用 area 作为面积值的变量。

变量命名为由数字 (1～9)、字符 (a～z、A～Z) 和下画线组成的任意长度的字符串，必须以字母开头。在 Python 中，汉字也可以出现在变量名中。Python 对大小写敏感，虽然可以以大写字母命名，但推荐使用小写字母，例如：

```
>>>name='abc'
>>>NAME='XYZ'
>>> 变量 1='123'
>>>print(name)
abc
>>>print(NAME)
XYZ
>>>print( 变量 1)
123
```

下画线 "_" 可以出现在变量名中，常用于连接多个词组，如 i_agree_with、变量 _1，后面将会讲到以下画线开头的标识符具有特殊意义。

如果给变量取非法名称，则解释器会提示语法错误，例如：

```
>>>2texts='happy study'              # 第一个字符不能是数字
SyntaxError:invalid syntax
>>>xiaozhang@xiaoming='perfect'      # 只能由字母、下画线和数字组成
SyntaxError:EOL while scanning string literal
```

因为 Python 区分大小写，所以 number、Number 和 NUMBER 是不同的标识符。

同时，Python 不允许使用关键字作为变量名。另外，描述性标识符可以使程序阅读性更强，尽量避免使用简写的标识符，完整的单词更具描述性。例如，numberOfStudents 比 numStuds、numOfStuds 或 numOfStudents 更好。本书完整的程序中使用描述性的变量名，然而，偶尔也会为了简洁起见，在代码段中使用像 i、j、k、x 和 y 这样的名字。在易于理解的前提下，这些简洁的名字也为代码段提供了一种风格。

2. 变量的声明与赋值

赋值语句是将一个值指定给一个变量。在 Python 中赋值语句可以作为一个表达式，将等号 "=" 作为赋值操作符，赋值语句语法如下：

变量 = 表达式

表达式表示涉及值、变量和操作符的一个运算，它们组合在一起表达一个新值，并且表达式只有在赋值语句中才会计算得到结果。在 Python 中，不用显式声明变量，直接为变量赋值即可，例如：

```
>>>xiaoming='XiaoMing'               # 字符串变量的赋值
>>>print(xiaoming)
XiaoMing
>>>x=5*(3/2)                         # 表达式赋值
>>>print(x)
7.5
```

若要给变量赋值，则变量名必须在赋值操作符的左边，因此下面语句有误：

```
>>>1=y
Syntax Error:can't assign to literal
```

Python 变量被访问之前必须被初始化，即被赋值，否则会报错，例如：

```
>>>strl="abc"
>>>m                        # 名字错误：变量 m 未被定义
```

此时错误信息会显示变量 m 没有被定义。

Python 是一种强类型语言，即每个变量指向的对象均属于某个数据类型，例如：

```
>>>a=1                      #a 为 int 型
>>>b="11"                   #b 为 str 型
>>>a+b                      # int 型和 str 型不能直接相加
Traceback( most recent call last)
    File"< pyshell#2>", line 1, in module
    a + b
Type Error: unsupported operand type(s) for +:'int'and'str
>>>b=11                     # 赋值语句，b 为 int 型
>>>a+b                      # 输出 :12
```

链式赋值的语句形式如下：

变量 1 = 变量 2 = 表达式

等价于：

变量 2 = 表达式

变量 1 = 变量 2

链式赋值用于为多个变量赋同一个值，例如：

```
>>>x = y = 123
>>>x                        # 输出 :123
>>>y                        # 输出 :123
```

用户还可以同时为多个对象指定不同的变量值。例如，下面语句同时为变量 a、b 和 c 赋不同的变量值：

```
>>>a,b,c = 1,2," 山雨欲来风满楼 "
>>>a                        # 输出 :1
>>>b                        # 输出 : 2
>>>c                        # 输出 : 山雨欲来风满楼
```

3. 删除变量

可以使用 del 语句删除不再使用的变量，例如：

```
>>>x = 1
>>>del x
>>>x                        # 名字错误：变量 x 未被定义
```

数据类型：数字

三、数据类型：数字

数字类型是编程语言的语法基础。Python 支持整数、浮点数、复数、小数和分数 5 种数字类型。

1. 整数

整数类型可细分为整型 (int) 和布尔型 (bool)。

1) 整型常量

整型常量是不带小数点的数，如 123、–123、0、1111111 等。Python 不区分整数和长整数，只要计算机内存空间足够，整数理论上可以无穷大。例如，输出 3 的 100 次方：

```
>>>3**100                    #乘方
515377520732011331036461129765621272702107522001
```

一般的整型常量都是十进制的。Python 还允许将整型常量表示为二进制、八进制和十六进制。

- 二进制：以 "0b" 或 "0B" 开头，后面是二进制数字 (0 或 1)，如 0b101、0B101。
- 八进制：以 "0o" 或 "0O" 开头，后面是八进制数字 (0~7)，如 0o123、0O123。
- 十六进制：以 "0x" 或 "0X" 开头，后面是十六进制数字 (0~9、A~F 或 a~f)，如 0x12ab、0X12ab。

不同进制只是整数的不同书写形式，当 Python 程序运行时，会将整数处理为十进制数。

2) 布尔型常量

布尔型常量也称为逻辑常量，只有 True 和 False 两个值。将布尔型常量转换为整型时，True 值为 1，False 值为 0。将布尔型常量转换为字符串时，True 值为 "True"，False 值为 "False"。在 Python 中，因为布尔型是整数的子类型，所以逻辑运算和比较运算均可归入数字运算的范畴。

2. 浮点数

浮点数类型的名称为 float。123.5、5.、0.5、3.0、1.23e+10、1.23E-10 等都是合法的浮点数常量。与整数不同，浮点数存在取值范围，超过取值范围会产生溢出错误 (即程序中的 OverflowError)。浮点数的取值范围为 $-10^{308} \sim 10^{308}$，例如：

```
>>>5.                    # 小数点后的 0 可以省略
5.0
>>>.5                    # 小数点前的 0 可以省略
0.5
>>>10.0**308             # 乘方
1e+308
>>>10.0**309             # 结果超出浮点数的取值范围，出错
OverflowError: (34,'Result too large')
```

3. 复数

复数类型的名称为 complex。复数常量表示为 "实部 + 虚部" 形式, 虚部以 j 或 J 结尾,

如 2+3j、2-3J、2j。我们可用 complex() 函数来创建复数，其基本格式如下：

```
complex( 实部 , 虚部 )
```

例如：

```
>>>complex(2,3)
(2+3j)
```

4. 小数

因为计算机的硬件特点，计算机不能对浮点数执行精确运算，例如：

```
>>>0.3+0.3+0.3+0.1                    # 计算结果并不是 1.0
0.9999999999999999
>>>0.3-0.1-0.1-0.1                    # 计算结果并不是 0
-2.7755575615628914e-17
```

因此 Python 引入了一种新的数字类型：小数对象。小数可以看成是固定精度的浮点数，它有固定的位数和小数点，可以满足规定精度的计算。

小数对象使用 decimal 模块中的 Decimal() 函数创建，例如：

```
>>>from decimal import Decimal         # 从模块导入函数
>>>Decimal('0.3')+Decimal('0.3')+Decimal('0.3')+Decimal('0.1')
Decimal('1.0')
>>>Decimal('0.3')-Decimal('0.1')-Decimal('0.1')-Decimal('0.1')
Decimal('0.0')
>>>type(Decimal('1.0'))
<class 'decimal.Decimal'>
```

5. 分数

分数类型是 Python 引入的新数字类型。分数对象明确地拥有一个分子和分母，并且分子和分母保持最简。使用分数可以避免浮点数的不精确性。

分数使用 fractions 模块中的 Fraction() 函数创建，其基本语法格式如下：

```
x= Fraction(a,b)
```

其中，a 为分子，b 为分母，Python 自动计算 x 为最简分数，例如：

```
>>>from fractions import Fraction       # 从 fractions 模块导入 Fraction 函数
>>>x=Fraction(2,8)                      # 创建分数
>>>x
Fraction(1,4)
>>>x+2                                  # 计算 1/4+2
Fraction(9,4)
>>>x-2                                  # 计算 1/4-2
Fraction(-7,4)
>>>x*2                                  # 计算 1/4×2
Fraction(1,2)
>>>x/2                                  # 计算 1/4÷2
Fraction(1,8)
```

分数的打印格式与其在 Python 交互式编程环境下直接显示的样式有所不同，例如：

```
>>>x=Fraction (2,8)
>>>x                    # 直接显示分数
Fraction(1,4)
>>>print(x)             # 打印分数
1/4
```

我们可以使用 Fraction.from_float() 函数将浮点数转换为分数，例如：

```
>>>Fraction.from_float(1.25)
Fraction(5,4)
```

四、数字运算

1. 数字运算符与表达式

常用的数字运算符如表 2-2 所示。

数字运算

表 2-2　常用的数字运算符

数字运算符	描　述	举　例
or	逻辑或	x<5 or x>100
and	逻辑与	x>5 and x<100
not x	逻辑非	not True、not 2<3
<、<=、>、>=、!=、==	比较	2<3、2<=3、2>3、2>=3、2! = 3、2= =3
|	按位或	5|2
^	按位异或	5^2
&	按位与	5&2
<<、>>	向左移位、向右移位	3<<2、12>>2
+、−	加法、减法	2+3、2−3
*、/、%、//	乘法、真除法、求余数、floor 除法	2*3、5/2、3%2、5//2
+x、−x	正、负号	−3
~x	按位取反	~3
**	指数 / 幂运算	2**3

1) 数字运算符的优先级

表 2-3 中数字运算符的运算优先级按从上到下的顺序依次升高。可以用括号 (括号优先级最高) 改变计算顺序，例如：

```
>>>1+3*5
16
>>>(1+3)*5
20
```

2) 不同数字类型的运算规则

在运算过程中遇到不同类型的数字时，Python 总是将简单的类型转换为复杂的类型，例如：

```
>>>2+4.5
6.5
>>>type(2+3.5)
<class 'float'>
```

Python 中的数字类型复杂度顺序为：布尔型比整型简单，整型比浮点数简单，浮点数比复数简单。

3) 求余数

"x%y" 计算 x 除以 y 的余数，余数的符号与 y 一致。若存在一个操作数为浮点数，则结果为浮点数，否则为整数，例如：

```
>>>5%2,5%-2,-5%2,-5%-2
(1,-1,1,-1)
>>>5%2.0,5%-2.0,-5%2.0,-5%-2.0
(1.0,-1.0,1.0,-1.0)
```

4) 真除法和 floor 除法

"/" 运算称为真除法，这是为了与传统除法进行区别。在 Python 中 "/" 运算执行真除法，无论操作数是否为整数，计算结果都是浮点数，保留小数部分，例如：

```
>>>4/2,5/2
(2.0,2.5)
```

"//" 运算称为 floor 除法，"x//y" 计算结果为不大于 x 除以 y 结果的最大整数。当两个操作数都是整数时，结果为 int 类型，否则为 float 类型，例如：

```
>>>5//2,5//-2,-5//2,-5//-2          # 操作数都是 int 类型，结果为 int 类型
(2,-3,-3,2)
>>>5//2.0,5//-2.0,-5//2.0,-5//-2.0   # 操作数中一个是 float 类型，结果为 float 类型
(2.0,-3.0,-3.0,2.0)
```

5) 位运算

"~" "&" "^" "|" "<<" ">>" 都是位运算符，按操作数的二进制位进行操作。

(1) 按位取反 "~"。在操作数的二进制位中，1 取反为 0，0 取反为 1，例如：

```
>>>~5          # 5 的 8 位二进制形式为 00000101，按位取反为 11111010，即 -6
-6
```

(2) 按位与 "&"。在将两个操作数相同位置的数执行 "与" 操作，当相同位置上的两个数都是 1 时，"与" 的结果为 1，否则为 0，例如：

```
>>>4&5          # 4 的二进制形式为 00000100，5 的二进制形式为 00000101，所
                # 以结果为 00000100
4
```

(3) 按位异或 "^"。执行 "按位异或" 操作，相同位置上的数相同时结果为 0，否则为

1，例如：

```
>>>4^5
1
```

(4) 按位或"|"。执行"按位或"操作，相同位置上的数有一个为 1 时结果为 1，否则为 0，例如：

```
>>>4|5
5
```

(5) 向左移位 "<<"。"x<<y" 表示将 x 按二进制形式向左移动 y 位，末尾补 0，符号位保持不变。向左移动 1 位等同于乘以 2，例如：

```
>>>1<<2
4
```

(6) 向右移位 ">>"。"x>>y" 表示将 x 按二进制形式向右移动 y 位，符号位保持不变。向右移动 1 位等同于除以 2，例如：

```
>>>8>>2
2
```

6) 比较运算

比较运算的结果为逻辑值 (True 或 False)，例如：

```
>>>2>3
False
```

7) 逻辑运算

逻辑运算 (也称为布尔运算) 指逻辑值 (True 或 False) 执行 "not" "and" 或 "or" 操作。

(1) 逻辑非 "not"。"not True" 为 False，"not False" 为 True，例如：

```
>>>not True,not False
(False,True)
```

(2) 逻辑与 "and"。对于 "x and y" 运算，当两个操作数都为 True 时，结果才为 True，否则为 False。当 x 为 False 时，"x and y" 的运算结果为 False，Python 不会再计算 y，例如：

```
>>>True and True,True and False,False and True,False and False
(True,False,False,False)
```

(3) 逻辑或 "or"。对于 "x or y" 运算，当两个操作数都为 False 时，结果才为 False，否则为 True。当 x 为 True 时，"x or y" 的运算结果为 True，Python 不会再计算 y，例如：

```
>>>True or True,True or False,False or True,False or False
(True,True,True,False)
```

8) 表达式

表达式是指可以计算的代码片段，它由操作数、运算符和圆括号按一定规则组成。表达式通过运算后产生运算结果，运算结果的类型由操作数和运算符共同决定。表达式既可以非常简单，也可以非常复杂。当表达式包含多个运算符时，运算符的优先级控制各运算符的计算顺序。例如，表达式 x+y*z 按 x+(y*z) 计算，因为 "*" 运算符的优先级高于 "+" 运算符。

Python 表达式遵循下列书写规则：

(1) 表达式从左到右在同一个基准上书写。例如，数学公式 a^2+b^2 应该写为 a**2+b**2。

(2) 运算符不能省略。例如，数学公式 ab(a 乘以 b) 应写为 a*b。

(3) 括号必须成对出现，而且只能使用圆括号，圆括号可以嵌套使用。例如，将数学表达式 sin[a(x+1)+b] 写成 Python 表达式，为 math.sin(a*(x+1)+b)。

2. 内置数学函数和模块

Python 提供了用于数字运算的内置数学函数和模块。

1) 常用的内置数学函数

下面通过示例说明部分常用的内置数学函数。

```
>>>abs(-5)                # 返回绝对值
5
>>>divmod(9,4)            # 返回商和余数
(2, 1)
>>>a=5
>>>eval("a*a+1")          # 返回字符串中的表达式，等价于 a*a+1
26
>>>max(1,2,3,4)           # 返回最大值
4
>>>min(1,2,3,4)           # 返回最小值
1
>>>pow(2,3)               # pow(x,y) 返回 x 的 y 次方，等价于 x**y
8
>>>round(1.56)            # 四舍五入，只有一个参数时四舍五入结果为整数
2
>>>sum({1,2,3,4})         # 求和
10
```

2) 内置数学模块 (math 模块)

math 模块提供了常用的数学常量和函数，要使用这些函数需要先导入 math 模块，例如：

```
>>>import math            # 导入 math 模块
>>>math.pi                # 数学常量 π
3.141592653589793
>>>math. ceil(2.3)        # math.ceil(x) 返回不小于 x 的最小整数
3
>>>math. fabs(-5)         # math.fabs(x) 返回 x 的绝对值
5.0
>>>math. fmod(9,4)        # math.fmod(x,y) 返回 x 除以 y 的余数
1.0
>>>math. gcd(12,8)        # math.gcd(x,y) 返回 x 和 y 的最大公约数
```

```
4
>>>math. trunc(15. 67)          # math.trunc(x) 返回 x 的整数部分
15
```

▼ **任务实现**

解题思路：

根据题目，"天天向上"的力量是 $(1 + 0.001)^{365}$，相反则是 $(1 - 0.001)^{365}$。利用 math 模块和 pow() 函数计算。

程序如下：

```
import math
base=0.001                      # 能力提高或下降值
dayu = math.pow((1.0+ base),365)
daydown=math.pow((1.0-base),365)
print(" 向上 :{:.2f}, 向下 :{:.2f}". format(dayu, daydown))
```

程序输出结果如下：

```
向上 :1.44, 向下 :0.69
```

从结果可观察到，每天努力 1‰，一年下来将提高 44%，提高得好像不多？如果好好学习时能力值相比前一天提高 1%，则效果相差是多少呢？

任务二　祝福祖国生日快乐

课程思政

▼ **任务描述**

在国庆节当天，我们会用各种各样的方式向祖国表白，唱生日歌也是很好的选择。本次的任务是使用 Python 规范生日歌词。例如，有以下字符串：

"　haPPy BiRthDAy To u"

"Happy biRthDAy To u"

"　haPpy BirThdAy 2 China"

"　happy birthday 2 u"

可以看出，这 4 个字符串连起来是几句生日歌词，但是它们并不工整，并且夹杂有很多口语。可利用 Python 程序将上述字符串修改为以下格式：

happy birthday to you

happy birthday to you

happy birthday to china

happy birthday to you

▼ **相关知识**

一、数据类型：字符串

字符串是一种有序的字符集合，用于表示文本数据。Python 字符　数据类型：字符串 1
串中的字符可以是各种 Unicode 码（统一码）对应的字符。字符串属于
不可变序列，即不能修改字符串。字符串中的字符按照从左到右的顺序，具有位置顺序，
支持索引、分片等操作。

1. 字符串常量

Python 字符串常量可用以下多种方法表示：

(1) 单引号：'a'、'123'、'abc'。

(2) 双引号："a"、"123"、"abc"。

(3) 3 个单引号或双引号："'Python code'"、"""Python string"""。

字符串都是 str 类型的对象，可用内置的 str() 函数来创建字符串对象，例如：

```
>>>x=str(123)                 #用数字创建字符串对象
>>>x
'123'
>>>type(x)                    #测试字符串对象类型
<class 'str'>
```

需要注意的是，3 个单引号的另一种作用是定义文档注释，被 3 个单引号包含的代码
块作为注释，在执行时被忽略。

1) 转义字符

转义字符用于表示不能直接表示的特殊字符。Python 常用的转义字符如表 2-3 所示。

表 2-3　Python 常用的转义字符

转义字符	说　　明
\\	反斜线
\'	单引号
\"	双引号
\a	响铃符
\b	退格符
\f	换页符
\n	换行符
\r	回车符
\t	水平制表符
\v	垂直制表符
\0	Null，空字符
\ooo	3 位八进制数表示的 Unicode 码对应的字符
\xhh	2 位十进制数表示的 Unicode 码对应的字符

示例代码如下：

```
>>>x="a\nbc"                  #字符串包含一个换行符
>>>print(x)                   #打印字符串
a
bc
```

2) Raw 字符串

Raw 字符串是带"r"或"R"前缀的字符串，如 r'abc\n123'、R'abc\n123'。Python 不会解析 Raw 字符串中的转义字符。Raw 字符串的典型应用是表示 Windows 系统中的文件路径。使用示例如下：

```
myfile=open ('D:\temp\newpy.py','r')
```

该语句本意是使用 open 语句打开"D:\temp"目录中的 newpy.py 文件，但 Python 会将文件名字符串中的 "\t" 和 "\n" 处理为转义字符，从而导致错误。为避免这种情况，可将文件名字符串中的反斜线用转义字符表示，例如：

```
myfile=open('D:\\temp\\newpy.py','r')
```

更简单的办法是用 Raw 字符串来表示文件名字符串，例如：

```
myfile=open(r'D:\temp\newpy.py','r')
```

2. 字符串操作符

Python 提供了 5 个字符串操作符：in、空格、加号、星号和逗号。

1) in

字符串是字符的有序集合，可用 in 字符串操作符判断字符串包含关系，例如：

```
>>>x="abcdefg"
>>>"bc" in x
True
>>>"12" in x
False
```

2) 空格

以空格分隔 (或者没有分隔符号) 的多个字符串可自动合并，例如：

```
>>>"ab" "cd" "ef"
'abcdef'
```

3) 加号

加号可将多个字符串合并，例如：

```
>>>"12"+"34"+"56"
'123456'
```

4) 星号

星号用于将字符串复制多次，以构成新的字符串，例如：

```
>>>"ab"*3
```

'ababab'

5) 逗号

在使用逗号分隔字符串时，可创建字符串组成的元组，例如：

```
>>>x="123","45"
>>>x
('123', '45')
>>>type(x)
<class 'tuple'>
```

3. 字符串的索引

字符串是一个有序的集合，其中的每个字符可通过偏移量进行索引。字符串中的字符按从左到右的顺序，偏移量依次为 0、1、2、…、end-1（ 最后一个字符的偏移量为字符串长度减 1），或者为 -end、…、-2、-1。

索引是指通过偏移量来定位字符串中的单个字符位置，例如：

```
>>>x="abcdef"
>>>x[0]            # 索引第一个字符
'a'
>>>x[-2]           # 索引倒数第二个字符
'e'
```

通过索引可获得指定位置的单个字符，但不能通过索引来修改字符串。因为字符串对象不允许被修改，例如：

```
>>>x="abcdef"
>>>x[0]=1          # 试图修改字符串中的指定字符，出错
TypeError: 'str' object does not support item assignment
```

4. 字符串的切片

字符串的切片也称为分片，它利用索引范围从字符串中获得连续的多个字符（ 即子字符串 ）。其基本格式如下：

```
x[start : end]
```

表示返回字符串 x 中从偏移量 start 开始到偏移量 end 之前的子字符串。参数 start 和 end 均可省略，start 默认为 0，end 默认为字符串长度，例如：

```
>>>x="abcdef"
>>>x[1:4]          # 返回偏移量为 1 到 3 的字符
'bcd'
>>>x[1:]           # 返回偏移量为 1 到末尾的字符
'bcdef'
>>>x[:4]           # 返回从字符开头到偏移量为 3 的字符
```

'abcd'

```
>>>x[:-1]              # 除最后一个字符外，其他字符全部返回
'abcde'
>>>x[:]                # 返回全部字符
'abcdef'
```

在默认情况下，切片可用于返回字符串中的多个连续字符，还可通过步长参数来跳过中间的字符，其基本格式如下：

```
x[start : end : step]
```

在用这种格式切片时，会依次跳过中间 step-1 个字符，step 默认为 1，例如：

```
>>>x="abcdefghijk"
>>>x[1:7:2]            # 返回偏移量为 1、3、5 的字符
'bdf'
>>>x[::2]              # 返回偏移量为偶数位的全部字符
'acegik'
```

5. 迭代字符串

字符串是有序的字符集合，可用 for 循环迭代遍历字符串，例如：

```
>>>for a in "abc":
    print(a)

a
b
c
```

6. 字符串处理函数

常用的字符串处理函数包括 len()、str()、ord() 和 chr() 等。

1) 求字符串长度

字符串长度是指字符串中包含的字符个数。可用 len() 函数获得字符串长度，例如：

```
>>>len("abcdefghijk")
11
```

2) 字符串转换

可用 str() 函数将非字符串数据转换为字符串，例如：

```
>>>str(123)           # 将整数转换为字符串
'123'
>>>str(1.23)          # 将浮点数转换为字符串
'1.23'
```

3) 字符 Unicode 码的转换

例如：

```
>>>ord("A")           # ord() 函数返回字符对应的 Unicode 码
```

65
>>>chr(65)   # chr() 函数返回 Unicode 码对应的字符
'A'

7. 字符串处理方法

Python 提供了一系列方法用于字符串的处理。以下是常用的字符串处理方法。

1) capitalize()

将字符串的第一个字母大写，其余字母小写，返回新的字符串，例如：

>>>"this is Python. capitalize".capitalize()
'This is python. capitalize'

2) count(sub[,start[,end]])

返回字符串 sub 在当前字符串的 [start,end] 范围内出现的次数，省略范围时会查找整个字符串，例如：

>>>"abcabcabc".count("ab")
3

3) endswith(sub[,start[,end]])

判断当前字符串的 [start,end] 范围内的子字符串是否以 sub 字符串结尾，例如：

>>>"abcabcabc".endswith('bc')
True

4) startswith(sub[,start[,end]])

判断当前字符串的 [start,end] 范围内的子字符串是否以 sub 字符串开头，例如：

>>>"abcabcabc".startswith("ab")
True

5) find(sub[,start[,end]])

在当前字符串的 [start,end] 范围内查找子字符串 sub，返回 sub 第一次出现的位置，没有找到时返回 −1，例如：

>>>x="abcabcabc"
>>>x.find("ab")
0
>>>x.find("ab",2)
3
>>>x.find("ba")
-1

6) rfind(sub[,start[,end]])

在当前字符串的 [start,end] 范围内查找子字符串 sub，返回 sub 最后一次出现的位置，没有找到时返回 −1，例如：

```
>>>"abcabcabc".rfind("ab")
6
```

7) format(args)

把字符串格式化，将字符串中用 "{}" 定义的替换域依次用参数 args 中的数据替换，例如：

```
>>>"My name is {0},age is {1}".format('Tome',23)
'My name is Tome,age is 23'
```

8) isalnum()

当字符串不为空且不包含任何非数字或字母（包括各国文字）时返回 True，否则返回 False，例如：

```
>>>"123".isalnum()
True
>>>"1#23".isalnum()            # 包含非数字或字母的字符，返回 False
False
>>>" ".isalnum()               # 空字符串，返回 False
False
```

9) isalpha()

字符串不为空且其中的字符全部是字母（包括各国文字）时返回 True，否则返回 False，例如：

```
>>>"abc".isalpha()
True
>>>"a#bc".isalpha()
False
>>>" ".isalpha()
False
```

10) isdecimal()

字符串不为空且其中的字符全部是数字时返回 True，否则返回 False，例如：

```
>>>"123".isdecimal()
True
>>>"1#23".isdecimal()
False
>>>" ".isdecimal()
False
```

11) islower()

字符串中的字母全部是小写时返回 True，否则返回 False，例如：

```
>>>"abc123".islower()
```

True

>>>"Abc123".islower()

False

12) isupper()

字符串中的字母全部是大写时返回 True，否则返回 False，例如：

>>>"ABC123".isupper()

True

>>>"aBC123".isupper()

False

13) isspace()

字符串中的字符全部是空格时返回 True，否则返回 False，例如：

>>>" ".isspace()

True

>>>"a b".isspace()

False

14) isdigit()

isdigit() 方法用于检测字符串是否只由数字组成。如果字符串中只包含数字，则返回 True，否则返回 False，例如：

>>>"123456789".isdigit()

True

>>>"123456789a".isdigit()

False

15) lower()

将字符串中的字母全部转换成小写，例如：

>>>"This is ABC".lower()

'this is abc'

16) upper()

将字符串中的字母全部转换成大写，例如：

>>>"This is ABC".upper()

'THIS IS ABC'

17) replace(old,new[,count])

将当前字符串包含的 old 字符串替换为 new 字符串，当省略 count 时，会替换全部 old 字符串。当指定 count 时，最多替换 count 次，例如：

```
>>>"abc123abc123abc123".replace("123","def")          # 全部替换
'abcdefabcdefabcdef'
>>>"abc123abc123abc123".replace("123","def",2)         # 替换 2 次
'abcdefabcdefabc123'
```

18) split([sep],[maxsplit])

将当前字符串按 sep 指定的分隔字符串进行分解，返回包含分解结果的列表。当省略 sep 时，以空格作为分隔符。maxsplit 指定分解次数，例如：

```
>>>"ab cd ef".split()                        # 按默认的空格分解
['ab', 'cd', 'ef']
>>>"ab,cd,ef".split(",")                       # 按指定字符分解
['ab', 'cd', 'ef']
```

19) swapcase()

将字符串中的字母大小写互换，例如：

```
>>>"abCDEF", swapcase()
'ABcdef'
```

20) join()

将序列中的元素用指定的字符连接生成一个新的字符串，例如：

```
>>>s=["p","y","t","h","o","n"]
>>>" ".join(s)                              # 以空格为连接符
'p y t h o n'
>>>"* ".join(s)                              # 以 * 为连接符
'p* y* t* h* o* n'
```

需要注意的是，被连接的元素必须是字符串，如果是其他数据类型，则运行时会报错。

8. 格式化字符串

格式化字符串是指先制定一个模板，在这个模板中预留几个位置，然后根据需要填上相应的内容。这些需要通过使用指定的符号标记 (也叫作占位符) 来实现，而这些符号标记不会显示出来。Python 中有两种方法格式化字符串。

数据类型：字符串 2

1) 使用 "%" 操作符

在 Python 中，要实现格式化字符串，可以使用 "%" 操作符，其基本格式如下：

格式字符串 % (参数 1，参数 2，…)

"%" 之前为格式字符串，"%" 之后为需要填入格式字符串中的参数，多个参数之间用逗号分隔。当只有一个参数时，可省略圆括号。在格式字符串中，用格式控制符表示要填入的参数的格式，例如：

```
>>>"float(%s)"% 5
'float(5)'
>>>"The %s's price is %4.2f"%("apple",2.5)
"The apple's price is 2.50"
```

在格式字符串 "The %s's price is %4.2f" 中，"%s" 和 "4.2f" 是格式控制符，参数 "apple" 对应 "%s"，参数 2.5 对应 "%4.2f"。

Python 的格式控制符如表 2-4 所示。

表 2-4　Python 的格式控制符

格式控制符	说　　明
s	将非 str 类型的对象用 str() 函数转换为字符串
r	将非 str 类型的对象用 repr() 函数转换为字符串
c	当参数为单个字符时，将 Unicode 码转化为对应的字符
d、i	参数为数字，转换为带符号的十进制整数
o	参数为数字，转换为带符号的八进制整数
x	参数为数字，转换为带符号的十六进制整数，字母小写
X	参数为数字，转换为带符号的十六进制整数，字母大写
e	将数字转换为科学记数法格式 (小写)
E	将数字转换为科学记数法格式 (大写)
f、F	将数字转换为十进制浮点数
g	浮点格式。如果指数小于 −4 或不小于精度 (默认为 6) 则使用小写指数格式，否则使用十进制格式
G	浮点格式。如果指数小于 −4 或不小于精度 (默认为 6) 则使用大写指数格式，否则使用十进制格式

格式控制符的基本格式如下：

%[name][flags][width[.precision]] 格式控制符

其中，name 为圆括号括起来的字典对象的键，width 指定数字的宽度，.precision 指定数字的小数位数。flags 为标识符，可使用下列符号：

- "+"：在数值前面添加正数 (+) 或负数 (−) 符号。
- "−"：在指定数字宽度时，当数字位数小于宽度时，将数字左对齐，末尾填充空格。
- "0"：在指定数字宽度时，当数字位数小于宽度时，在数字前面填充 0。与 "+" 或 "−" 同时使用时，"0" 标识不起作用。
- 空格：在正数前添加一个空格表示符号位。

2) 使用 format() 方法

使用 "%" 操作符是早期 Python 提供的方法，自从 Python 2.6 版本开始，提供了 format() 方法对字符串进行格式化。其基本格式如下：

< 模板字符串 >.format(< 逗号分隔的参数 >)

模板字符串由一系列槽组成，用来控制字符串中嵌入值出现的位置，其基本思想是将 format() 方法中逗号分隔的参数按照序号关系替换到模板字符串的槽中。该槽用大括号 {} 表示，如果大括号中没有序号，则按照出现顺序替换；如果大括号中指定了使用参数的序号，则按照序号对应的参数替换，参数从 0 开始编号。调用 format() 方法后会返回一个新的字符串。例如：

```
>>>"{}: 编程语言 {} 的使用率为 {}%".format("2020-10-31","PYTHON",18)
'2020-10-31: 编程语言 PYTHON 的使用率为 18%'
```

```
>>>"{1}: 编程语言 {2} 的使用率为 {0}%".format(18,"2020-10-31","PYTHON")
'2020-10-31: 编程语言 PYTHON 的使用率为 18%'
```

format() 方法中模板字符串的槽除了包括参数序号，还可以包括格式控制信息，此时，槽的内部样式如下：

```
{<参数序号>:<格式控制标记>}
```

其中，格式控制标记用来控制参数显示时的格式，其字段如图 2-1 所示。

:	<填充>	<对齐>	<宽度>	<,>	<精度>	<类型>
引导符号	用于填充的单个字符形式	<左对齐 >右对齐 ^居中对齐	槽的设定输出宽度	数字的千位分隔符，适用于整数或浮点数	浮点数小数部分的精度或字符串最大输出长度	整数类型 b, c, d, o, x, X；浮点数类型 e, E, f, %

图 2-1　槽中格式控制标记的字段

除了引导符号，格式控制标记包括 < 填充 >、< 对齐 >、< 宽度 >、<,>、<. 精度 >、< 类型 > 这 6 个字段。这些字段都是可选的，可以组合使用，以下按照使用方式逐一介绍。

< 宽度 >、< 对齐 > 和 < 填充 > 是 3 个相关字段。< 宽度 > 是指当前槽的设定输出字符宽度，如果该槽对应的 format() 方法参数长度比 < 宽度 > 设定值大，则使用参数实际长度，如果该值的实际位数小于指定宽度，则位数将被默认以空格字符补充。< 对齐 > 是指参数在宽度内输出时的对齐方式，分别使用 <、> 和 ^ 表示左对齐、右对齐和居中对齐。< 填充 > 是指宽度内除了参数外的字符采用什么方式表示，默认采用空格，例如：

```
>>>s="python"
>>>"{0:10}".format(s)              # 默认左对齐
'python    '
>>>"{0:>10}".format(s)             # 右对齐
'    python'
>>>"{0:*^10}".format(s)            # 居中且使用 * 填充
'**python**'
>>>"{0:-^10}".format(s)            # 居中且使用 - 填充
'--python--'
>>>"{0:3}".format(s)
'python'
```

格式控制标记中的逗号 (,) 用于显示数字类型的千位分隔符，例如：

```
>>>"{0:-^20,}".format(1234567890)
'---1, 234, 567, 890----'
>>>"{0:-^20}".format(1234567890)
'-----1234567890-----'
```

<. 精度 > 表示两个含义，由小数点 (.) 开头，对于浮点数，精度表示小数部分输出的有效位数；对于字符串，精度表示输出的最大长度。

```
>>>"{0:.2f}".format(12345.67890)
```

'12345.68'

>>>"{0:#^20.3f}".format(12345.67890)

'#####12345.679######'

>>>"{0:.4}".format("PYTHON")

'PYTH'

<类型>表示输出整数和浮点数类型的格式规则，与表 2-5 所示的 Python 的格式控制符相同。

二、数据类型操作

1. 类型判断

可以使用 type() 函数查看数据类型，例如：

```
>>>type(123)
<class 'int'>
>>>type("123")
<class 'str'>
>>>type(123.0)
<class 'float'>
```

2. 类型转换

1) 转换整数

可以使用 int() 函数将一个字符串按指定进制转换为整数。其基本格式如下：

int(' 整数字符串 ',n)

int() 函数按指定进制将整数字符串转换为对应的整数，例如：

```
>>>int("111")                    # 默认按十进制转换
111
>>>int("111",2)                  # 按二进制转换
7
>>>int("111",8)                  # 按八进制转换
73
>>>int("111",16)                 # 按十六进制转换
273
```

int() 函数的参数只能是整数字符串，即第一个字符可以是正、负号，其他字符必须是数字，不能包含小数点或其他符号，否则会出错，例如：

```
>>>int("+12")
12
>>>int("-12")
-12
>>>int("12.0")                   # 字符串中包含了小数点，错误
```

ValueError: invalid literal for int() with base 10: '12.0'

>>>int("12a")　　　　　　　　　# 字符串中包含了字母，错误

ValueError: invalid literal for int() with base 10: '12a'

2) 转换浮点数

float() 函数可将整数和字符串转换为浮点数，例如：

>>>float(12)

12.0

>>>float("12")

12.0

▼ 任务实现

解题思路：

(1) 使用 strip() 函数去除前后空格。

(2) 使用 lower() 函数将英文字母改为小写。

(3) 使用 replace() 函数替换不规范的用语。

程序如下：

```
string1 = '  haPPy BiRthDAy To u'
string2 = 'Happy biRthDAy To u'
string3 = ' haPpy BirThdAy 2 China'
string4 = ' happy birthday 2 u'
string1 = string1.strip().lower().replace('u','you').replace('2','to')
string2 = string2.strip().lower().replace('u','you').replace('2','to')
string3 = string3.strip().lower().replace('u','you').replace('2','to')
string4 = string4.strip().lower().replace('u','you').replace('2','to')
print(string1)
print(string2)
print(string3)
print(string4)
```

程序输出结果如下：

happy birthday to you

happy birthday to you

happy birthday to china

happy birthday to you

小　　结

本章首先介绍了 Python 语言的基本词法及变量和赋值的使用，包括代码缩进、注释、

语句续行、语句分隔、关键字、变量及其赋值等。然后介绍了 Python 的基本数据类型——数字类型。数字类型包括整数、浮点数、复数、小数和分数。数字类型支持各种数字运算，如加法、减法、乘法、除法等。在执行数字运算时，应注意运算符的优先级以及数字之间的类型转换。最后介绍了 Python 的基本数据类型——字符串。字符串是程序开发中常用的数据类型，是实际应用中经常面对的问题。其中字符串的表示与操作包括字符串的索引、分片、合并、复制、截取、比较、格式化等。

习　题

一、选择题

1. Python 语言的语句块的标记是（　　）。

A. 分号　　　　　　　　　　　　B. 逗号

C. 缩进　　　　　　　　　　　　D. /

2. 以下 Python 注释代码，不正确的是（　　）。

A. #Python 注释代码

B. #Python 注释代码 1 #Python 注释代码 2

C. """Python 文档注释 """

D. //Python 注释代码

3. 在 Python 中，合法的标识符是（　　）。

A. _　　　　　　　　　　　　　B. 3C

C. is's　　　　　　　　　　　　D. srt

4. 在 Python 中，正确的赋值语句为（　　）。

A. x+y=10　　　　　　　　　　B. x=2y

C. x=y=30　　　　　　　　　　D. 3y=x+1

5. 下列数据类型中，Python 不支持的是（　　）。

A. char　　　　　　　　　　　　B. int

C. float　　　　　　　　　　　　D. list

6. 数学关系式 2<x≤10 表示成正确的 Python 表达式为（　　）。

A. 2<x<=10　　　　　　　　　　B. 2<x and x <=10

C. 2<x&&x<=10　　　　　　　　D. x>2 or x<= 10

7. 为了给整型变量 x、y、z 赋初值 10，下面正确的 Python 赋值语句是（　　）。

A. xyz=10　　　　　　　　　　　B. x=10 y=10 z=10

C. x=y=z=10　　　　　　　　　　D. x=10,y=10,z=10

8. 在 Python 表达式中，可以使用（　　）控制运算的优先顺序。

A. 圆括号 ()　　　　　　　　　　B. 方括号 [ ]

C. 花括号 { }　　　　　　　　　　D. 尖括号 <>

9. 已知 x=2，y=3，复合赋值语句 x*=y+5 被执行后，x 变量中的值是 (　　)。

A. 11　　　　　　　　　　　　B. 16

C. 13　　　　　　　　　　　　D. 26

10. 'ab'+'c'*2 的结果是 (　　)。

A. abc2　　　　　　　　　　　B. abcabc

C. abcc　　　　　　　　　　　D. ababcc

二、程序题

1. 给出下面的语句求执行后的输出结果：

```
x='abc'
y=x
y=100
print(x)
x=['abc']
print(x)
```

2. 给出下面的语句求执行后的输出结果：

```
x=('max', 'min')
y=(100,0)
a=dict(zip(x,y))
print(a)
a['min']=-100
del a['max']
print(a)
```

3. 编写程序，分别计算 $a + b^2 - 6$ 的值，其中：

(1) a = 4，b = 3；

(2) a = 5，b = 2；

(3) a = 2，b = 8。

4. 编写程序，已知圆的半径，求圆的周长和面积 (假设半径 r = 5)。

第 3 章

Python 语句流程结构

 学习内容

- 顺序结构程序设计。
- 选择结构程序设计。
- 循环结构程序设计。

技能目标

- 能熟练使用输入函数 (input() 函数)、输出函数 (print() 函数)。
- 能熟练使用 if 的单分支、双分支、多分支及嵌套语句。
- 能熟练使用 while 循环语句、for 语句、break 语句和 continue 语句。
- 能熟练使用 range() 函数。

任务一　喝酒不开车，开车不喝酒

课程思政

▼ 任务描述

　　"喝酒不开车，开车不喝酒"，这不仅仅是一句宣传语，而且是一种责任。当车辆驾驶人员血液中的酒精含量大于或等于 20 mg/100 mL 并且小于 80 mg/100 mL 时属于酒后驾车，血液中的酒精含量大于或等于 80 mg/100 mL 为醉酒驾车，血液中的酒精含量小于 20 mg/100 mL 为正常。我们可使用酒精检测仪检测，由检测仪打印出结果：

　　酒后驾车：处暂扣六个月机动车驾驶证，并处一千元以上二千元以下罚款。

　　醉酒驾车：处十五日拘留，并处五千元罚款，吊销机动车驾驶证，五年内不得重新取得机动车驾驶证。

　　不是酒驾，请放行！

本次的任务是使用 Python 程序实现检测仪的判断与输出功能 (直接由键盘输入血液中的酒精含量)。

▼ 相关知识

一、顺序结构程序设计

顺序结构程序设计

顺序结构是最简单的程序结构，是构成复杂程序的基础。顺序结构程序由简单语句组成，语句按书写顺序执行，并且每条语句都被执行。下面主要讲述顺序结构中的 print() 函数和 input() 函数。

1. 输出函数 print()

Python 的基本输出语句使用的是 print() 函数，其基本语法如下：

```
print([obj1,obj2,...][,sep=" "][,end="\n"][,file=sys.stdout])
```

基本输出中的数据对象 (obj) 可以是数值、字符串，也可以是列表、元组、字典或者是集合。输出时会将逗号间的内容用空格分隔开。

1) 省略所有参数

print() 函数的所有参数均可省略。当无参数时，print() 函数输出一个空行，例如：

```
>>>print()
```

2) 输出一个或多个数据对象

print() 函数可同时输出一个或多个数据对象，例如：

```
>>>print(123)
123
>>>print(3.14, "abc",123, "python")
3.14 abc 123 python
```

在输出多个数据时，默认使用空格作为输出分隔符。

3) 使用指定输出分隔符

print() 函数默认使用一个空格分隔各个输出对象，默认分隔符为空格字符。我们可以通过参数 sep 将分隔符改变为需要的任意字符串，例如：

```
>>>print(3.14, "abc",123, "python",sep="#")
3.14#abc#123#python
```

4) 使用指定输出结尾符号

print() 函数默认以回车换行符号作为输出结尾符号，即在输出所有数据后会换行，后续的 print() 函数在新行中继续输出，可以通过参数 end 指定输出结尾符号，例如：

```
>>>print("price"); print(123)
price
123
>>>print("price",end="_"); print(123)
price_123
```

5) 输出到文件

print() 函数除了将数据输出到交互界面窗口外，还可以用参数 file 指定将数据输出到文件，例如：

```
>>>file1=open(r"d:\data.txt","w")
>>>print(3.14, "abc",123, "python",sep="#",file=file1)
>>>file1.close()
```

上述代码在路径 "D:\" 下创建了一个 data.txt 文件，如图 3-1 所示。print() 函数将数据输出到该文件，可用记事本打开 data.txt 文件查看其内容。输出到文件和输出到交互界面窗口的数据格式相同。

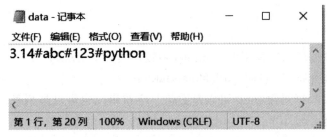

图 3-1　data.txt 文件内容

2. 输入函数 input()

在编写程序时，并不需要知道变量的值是多少。但是，在程序运行的过程中，解释器最终还是需要知道变量的值。那么，可以通过什么方法来获得变量的值呢？系统提供了一个内置函数 input()，使用户可以在程序运行的过程中对变量赋值，就像系统提供了一个录入窗口一样，等待用户对变量的输入。其基本语法如下：

```
变量 = input(" 提示字符串 ")
```

其中，变量和提示字符串均可省略。input() 函数将用户输入的内容作为字符串返回。用户按 "Enter" 键结束输入，"Enter" 键之前的全部字符均作为输入内容。在指定变量时，变量将保存输入的字符串，例如：

```
>>>a= input(" 请输入数据 :")
请输入数据 : 123,456" python"
>>>a
'123,456" python"'
```

如果需要输入整数或小数，则应使用 int() 或 float() 函数转换数据类型，例如：

```
>>>a= input(" 请输入一个整数 : ")
请输入一个整数 :5
>>>a                            # 输出 a 的值，可看到输出的是一个字符串
'5'
>>>a+1                          # 因为 a 是一个字符串，试图执行加法运算，所以出错
TypeError: can only concatenate str (not "int") to str
>>>int(a)+1                     # 将字符串转换为整数后再执行加法运算，执行成功
```

6

eval() 函数可返回字符串的内容，即相当于去除字符串的引号，例如：

```
>>>a=eval("123")                # 等同于 a=123
>>>a
123
>>>type(a)
<class 'int '>
>>>x=10
>> a=eval("x+20")               # 等同于 a=x+20
>>>a
30
```

在输入整数或小数时，可使用 eval() 函数来执行转换，例如：

```
a=eval(input(' 请输入一个整数或小数 : '))
请输入一个整数或小数 :12
>>>a
>>>type(a)
<class 'int '>
>>>a=eval(input(' 请输入一个整数或小数 : '))
请输入一个整数或小数 :12.34
>>>a
12.34
>>>type(a)
<class 'float '>
```

二、选择结构程序设计

选择结构是根据条件来控制代码执行分支语句，选择结构也叫作分支结构。Python 使用 if 语句来实现分支结构。

选择结构程序设计

1. if 语句的单分支结构

if 语句的单分支结构的语法格式如下：

```
if 条件表达式 :
    语句
```

其中：

(1) 条件表达式可以是关系表达式、逻辑表达式、算术表达式等。

(2) 语句可以是单个语句，也可以是多个语句。多个语句的缩进必须对齐一致。

(3) 条件表达式的值为真 (True) 时，执行后面的语句，否则不做任何操作，控制将转到语句的结束点。

【例 3-1】　输入一个学生的两门课程的考试成绩 (设为 x1，x2)，如果两门成绩均大于或等于 60 分，则输出"pass"。

程序如下：

```
x1=eval(input(" 请输入第一门课程的考试成绩 : "))
x2=eval(input(" 请输入第二门课程的考试成绩 : "))
if x1>=60 and x2>=60:
    print("pass")
```

程序输出结果：

```
请输入第一门课程的考试成绩 : 66
请输入第二门课程的考试成绩 : 77
pass
```

2. if 语句的双分支结构

if 语句的双分支结构的语法格式如下：

```
if 条件表达式 :
    语句 1
else:
    语句 2
```

当条件表达式的值为真 (True) 时，执行后面的语句 1，否则执行 else 后面的语句 2。

【例 3-2】 提示用户输入密码 (key)，如果正确 (等于 123)，则显示"密码正确！"信息；否则，显示"密码错误！"信息。

程序如下：

```
key=int(input(" 请输入密码 : "))
if key==123:
    print(" 密码正确 !")
else :
    print(" 密码错误 !")
```

程序输出结果：

```
请输入密码 : 123
密码正确 !
```

3. if 语句的多分支结构

if 语句的多分支结构的语法格式如下：

```
if 条件表达式 1 :
    语句 1
elif 条件表达式 2 :
    语句 2
...
elif 条件表达式 n:
    语句 n
[else :
    语句 n+1 ]
```

该语法形式的作用是根据不同条件表达式的值确定执行哪条语句。

【例 3-3】　根据用户输入的期末考试成绩 (如 mark)，输出相应的成绩评定信息。成绩大于或等于 90 分输出"优"；成绩大于或等于 80 分小于 90 分输出"良"；成绩大于或等于 70 分小于 80 分输出"中"；成绩大于或等于 60 分小于 70 分输出"及格"；成绩小于 60 分输出"差"。

程序如下：

```
mark=eval(input(" 请输入分数 :"))
if mark>=90:
    print(" 优 ")
elif mark>=80:
    print(" 良 ")
elif mark>=70:
    print(" 中 ")
elif mark>=60:
    print(" 及格 ")
else:
    print(" 不及格 ")
```

程序输出结果：

```
请输入分数 :88
良
```

4. if 语句的嵌套

有时，我们需要表达很复杂的嵌套关系，这时需要在 if-else 和 if 语句的缩进块中包含其他的 if-else 和 if 语句，此类情况中的这些语句称为嵌套。一般格式如下：

```
if 条件表达式 1:
    if 条件表达式 11:
        语句 1
    else:
        语句 2
else:
    if 条件表达式 21:
        语句 3
    else:
        语句 4
```

【例 3-4】　任意输入 3 个整数，找出其中最大的数。

程序如下：

```
a=int(input(" 请输入第一个整数 :"))
b=int(input(" 请输入第二个整数 :"))
c=int(input(" 请输入第三个整数 :"))
```

```
if a>b:
    if a>c:
        max=a
    else:
        max=c
else:
    if b>c:
        max=b
    else:
        max=c
print(" 最大数为： ",max)
```

程序输出结果：

请输入第一个整数 :3

请输入第二个整数 :2

请输入第三个整数 :5

最大数为： 5

▼ 任务实现

实现思路：

本任务中涉及一个变量即血液中的酒精含量 (单位为 mg/100 mL)，设为数字类型 y，先从键盘输入数据赋值给 y，如果判断 y<20，则输出显示为 "不是酒驾，请放行！" 如果判断 y 大于或等于 20 且小于 80，则输出显示为 "酒后驾车：处暂扣六个月机动车驾驶证，并处一千元以上二千元以下罚款。" 如果判断 y≥80，则输出显示为 "醉酒驾车：处十五日拘留，并处五千元罚款，吊销机动车驾驶证，五年内不得重新取得机动车驾驶证。"

程序如下：

```
y=eval(input(" 请输入血液中的酒精含量 (mg/100 mL):"))
if y<20:
    print(" 不是酒驾，请放行！ ")
elif y>=20 and y<80:
    print(" 酒后驾车：处暂扣六个月机动车驾驶证，并处一千元以上二千元以下罚款。")
elif y>=80:
    print(" 醉酒驾车：处十五日拘留，并处五千元罚款，吊销机动车驾驶证，五年内不得重新取得
机动车驾驶证。")
```

程序输出结果：

请输入血液中的酒精含量 (mg/100 mL):60

酒后驾车：处暂扣六个月机动车驾驶证，并处一千元以上二千元以下罚款。

【练一练】 输入一个整数 n，判断该数是正数、负数或零。参考代码如下所示：

```
n=int(input(" 请输入一个整数 :"))
```

```
if n>0:
    print("%d 是一个正整数 "%n)
elif n<0:
    print("%d 是一个负整数 "%n)
else:
    print("%d 是零 "%n)
```

程序输出结果：

请输入一个整数：−2

−2 是一个负整数

任务二　解密银行卡

课程思政

▼ 任务描述

若一个人有多张银行卡，有时候会忘记个别银行卡密码，在 ATM 机上连续输入错误密码 3 次后，银行卡就会锁定，这时该怎么办呢？其实这时持卡人带上自己的有效证件前往银行柜台，申请银行卡解锁和密码重置，银行会对信息审核，信息审核通过后当场就可以申请密码的重置。

本次的任务是使用 Python 程序实现银行卡登录功能，用户输入的密码与设置好的密码进行对比，一致则输出"欢迎进入银行系统！"否则给第二、第三次输入密码机会；如果用户输入的 3 次密码都不一致，那么结束程序并显示"很抱歉，你已经退出系统！"

▼ 相关知识

一、循环结构程序设计

循环结构程序设计 1

计算机可以按规定的条件重复执行某些操作。例如，输入全校学生的成绩、求若干数之和等，这类问题都可以通过循环来实现。Python 中的循环语句有 while 和 for 两种形式。

1. while 循环语句

在 Python 中，while 循环用于重复执行满足特定条件的缩进语句块，以处理需要重复处理的相同任务，达到提升效率、简化代码的目的，其基本格式如下：

while 条件表达式：

　　　　循环体

以 while 开头的那行代码称为循环的头部，头部中的条件表达式称为循环的条件，代码的缩进块称为循环体，每执行一次循环体称为通过该循环的一轮。

当 Python 程序中有 while 循环时，首先判断 while 语句中的条件真假情况，若条件表达式为真，则执行循环体代码；若条件表达式为假，则跳出循环体，并继续执行后续代码。

每轮循环执行后，Python 将重新检验判断条件表达式并执行相应的语句，直到条件表达式值为 False 为止。

【例 3-5】　利用 while 循环求 $1 + 2 + 3 + \cdots + 100$ 的累加总和、偶数的和、奇数的和。

程序如下：

```python
i=1;sum_all=0;sum_odd=0;sum_even=0
while i<=100:
    sum_all+=i
    if i%2==0:
        sum_even+=i
    else:
        sum_odd+=i
    i+=1
print("1+2+3+…+100 的累加总和 :",sum_all)
print("1+2+3+…+100 的偶数的和 :",sum_even)
print("1+2+3+…+100 的奇数的和 :",sum_odd)
```

程序输出结果：

```
1+2+3+…+100 的累加总和 : 5050
1+2+3+…+100 的偶数的和 : 2550
1+2+3+…+100 的奇数的和 : 2500
```

2. for 循环语句

在 Python 中，for 循环可以遍历任何序列的项目，如一个列表或一个字符串等。for 循环的基本格式如下：

```
for 变量 in 序列 :
    循环体语句 1
[else:
    循环体语句 2]
```

当 Python 程序中有 for 循环时，是依次将序列中的每一个值赋给变量，赋值后执行缩进语句块中的语句。序列的范围十分广泛，可以是数列、字符串、列表、元组或者文件对象。例如，对列表进行的操作有输出列表元素、修改列表元素、删除列表元素、统计列表元素等。

1) 输出列表元素

程序如下：

```python
# 将列表元素逐行输出
fruits=['apple', 'orange', 'banana', 'grape']
for fruit in fruits:
    print( fruit)
```

程序输出结果：

```
apple
```

orange

banana

grape

2) 修改列表元素

程序如下:

```
# 将 banana 改为 apple
fruits=['apple', 'orange', 'banana', 'grape']
for i in range(len(fruits)):
    if fruits[i]== 'banana':
        fruits[i] = 'apple'
print(fruits)
```

程序输出结果:

```
['apple', 'orange', 'apple', 'grape']
```

3) 删除列表元素

程序如下:

```
# 将列表中的 banana 删除
fruits=['apple', 'orange', 'banana', 'grape']
for i in fruits:
    if i== 'banana':
        fruits.remove(i)
print(fruits)
```

程序输出结果:

```
['apple', 'orange', 'grape']
```

4) 统计列表元素

程序如下:

```
# 统计 apple 的个数
fruits=['apple', 'orange', 'banana', 'grape', 'apple']
count=0
for i in fruits:
    if i== 'apple':
        count+=1
print("fruits 列表中 apple 的个数 ="+str(count)+" 个 ")
```

程序输出结果:

```
fruits 列表中 apple 的个数 =2 个
```

3. range() 函数

Python 内置的 range() 函数能返回一系列连续增加的整数。range() 函数大多数出现在 for 循环中作为索引来使用。它的一般格式如下:

```
range(start,end [,step])
```

循环结构程序设计 2

参数含义如下：

start：计数从 start 开始，默认是从 0 开始，如 range(5) 等价于 range(0,5)。

end：计数到 end 结束，但不包括 end，如 range(0,5) 是 [0,1,2,3,4]，没有 5。

step：每次跳跃的间距，默认为 1，如 range(0,5) 等价于 range(0,5,1)。

在交互模式下运行，其示例代码如下：

```
>>>for i in range(1, 11):
    print (i, end=' ')          # 输出 :1 2 3 4 5 6 7 8 9 10
>> >for i in range(1, 11, 3):
    print(i, end =' ')          # 输出 :1 4 7 10
```

【例 3-6】 利用 for 循环求 1+2+3+…+100 的累加总和、偶数的和、奇数的和。

程序如下：

```
i=1;sum_all=0;sum_odd=0;sum_even=0
for i in range(1,101):
    sum_all+=i
    if i%2==0:
        sum_even+=i
    else:
        sum_odd+=i
print("1+2+3+…+100 的累加总和 :",sum_all)
print("1+2+3+…+100 的偶数的和 :",sum_even)
print("1+2+3+…+100 的奇数的和 :",sum_odd)
```

程序输出结果：

```
1+2+3+…+100 的累加总和 : 5050
1+2+3+…+100 的偶数的和 : 2550
1+2+3+…+100 的奇数的和 : 2500
```

【例 3-7】 输出所有的 “水仙花数”。所谓 “水仙花数”，是指一个三位数，其各位数字立方和等于该数本身。例如，153 是一个水仙花数，因为 $153=1^3+5^3+3^3$。

实现思路：如何从一个三位数中提取各位数字是关键。这里借助 %(取模运算——返回除法的余数) 和 //(取整除运算——返回商的整数部分) 来完成。

程序如下：

```
for i in range(100,1000):
    a=i%10                 # 个位数
    b=i//10%10             # 十位数
    c=i//100               # 百位数
    if (i==a**3+b**3+c**3):
        print(i)
```

程序输出结果：

```
153
370
```

371

407

4. 循环嵌套

Python 语言允许一个循环体中嵌套另一个循环，这种情况被称为嵌套循环，但是需要注意的是，第一层循环必须完全包含第二层循环。for 循环嵌套的基本格式如下：

```
for 变量 in 序列
    for 变量 in 序列
        循环体语句 1
    循环体语句 2
```

while 循环嵌套的基本格式如下：

```
while 表达式
    while 表达式
        循环体语句 1
    循环体语句 2
```

【例 3-8】　使用 for 循环嵌套输出九九乘法表。

程序如下：

```
for i in range(1,10):
    for j in range(1,i+1):
        print("%d*%d=%d\t"%(j,i,j*i),end=" ")
    print()
```

程序输出结果：

```
1*1=1
1*2=2    2*2=4
1*3=3    2*3=6    3*3=9
1*4=4    2*4=8    3*4=12   4*4=16
1*5=5    2*5=10   3*5=15   4*5=20   5*5=25
1*6=6    2*6=12   3*6=18   4*6=24   5*6=30   6*6=36
1*7=7    2*7=14   3*7=21   4*7=28   5*7=35   6*7=42   7*7=49
1*8=8    2*8=16   3*8=24   4*8=32   5*8=40   6*8=48   7*8=56   8*8=64
1*9=9    2*9=18   3*9=27   4*9=36   5*9=45   6*9=54   7*9=63   8*9=72   9*9=81
```

【例 3-9】　使用 while 循环嵌套输出九九乘法表。

程序如下：

```
i=1
while i<10:
    j=1
    while j<=i:
        print("%d*%d=%d\t"%(j,i,j*i),end=" ")
        j+=1
```

```
        i+=1
    print()
```

程序输出结果：

```
1*1=1
1*2=2      2*2=4
1*3=3      2*3=6      3*3=9
1*4=4      2*4=8      3*4=12     4*4=16
1*5=5      2*5=10     3*5=15     4*5=20     5*5=25
1*6=6      2*6=12     3*6=18     4*6=24     5*6=30     6*6=36
1*7=7      2*7=14     3*7=21     4*7=28     5*7=35     6*7=42     7*7=49
1*8=8      2*8=16     3*8=24     4*8=32     5*8=40     6*8=48     7*8=56     8*8=64
1*9=9      2*9=18     3*9=27     4*9=36     5*9=45     6*9=54     7*9=63     8*9=72     9*9=81
```

以上是分别利用 for 和 while 嵌套循环来输出九九乘法表，可见输出的结果是一样的。j 代表第一个乘数，i 代表第二个乘数。每个乘数的取值均为 1～9，外层循环对 i 赋值，内层循环对 j 赋值。

二、跳转语句

1. break 语句

break 语句用于退出 for 或 while 循环，即提前结束循环，接着执行循环语句的后继语句。注意，当多个 for 或 while 语句彼此嵌套时，break 语句只应用于最里层的语句，即 break 语句只能跳出最近的一层循环。

【例 3-10】 使用 break 语句终止循环。

程序如下：

```
for letter in "Python":
    if letter=='h':
        break
    print(" 当前字母是：",letter)
```

程序输出结果：

```
当前字母是：P
当前字母是：y
当前字母是：t
```

2. continue 语句

continue 语句类似于 break 语句，也在 for 或 while 循环中使用。但它只结束本次循环即跳过循环体内自 continue 语句后尚未执行的语句，返回到循环的起始处，并根据循环条件判断是否执行下一次循环。

continue 语句与 break 语句的区别在于：continue 语句仅结束本次循环，并返回到循环的起始处，循环条件满足的话就开始执行下一次循环；而 break 语句则是结束循环，跳转到循环的后继语句执行。与 break 语句相类似，当有多个 for、while 语句彼此嵌套时，continue 语句只应用于最里层的语句。

【例 3-11】　输入若干学生成绩，如果输入字符"**Q**"结束输入，如果输入成绩小于 0，则重新输入。最后统计并输出学生人数和平均成绩。

程序如下：

```
num =0; scores =0                 # 初始化学生人数和成绩
while True:
    s= input(" 请输入学生成绩 ( 按 Q 结束 ):")
    if s.upper()=='Q':
        break
    if float(s)<0:                # 成绩必须≥0
        continue
    num+=1                        # 统计学生人数
    scores+=float(s)              # 累加成绩
print(" 学生人数为 :%d, 平均成绩为 :%.2f"%(num,scores/num))
```

程序输出结果：

```
请输入学生成绩 ( 按 Q 结束 ):88
请输入学生成绩 ( 按 Q 结束 ):99
请输入学生成绩 ( 按 Q 结束 ):Q
学生人数为 :2, 平均成绩为 :93.50
```

3. else 语句

for、while 语句可以附带一个 else 子句 (可选)。如果 for、while 语句没有被 break 语句中止，则会执行 else 子句，否则不执行。其基本格式如下：

```
for 变量 in 序列 :
    循环体语句 1
else:
    语句 2
```

或者：

```
while 条件表达式 :
    循环体语句 1
else:
    语句 2
```

【例 3-12】　使用 for 语句的 else 子句。

程序如下：

```
hobbies=" "
for i in range(1,4):
    s=input(" 请输入爱好之一 ( 最多三个，按 Q 或 q 结束 ):")
    if s.upper()=="Q":
```

```
        break
        hobbies+=s+" "
else:
    print(" 你输入了三个爱好。")
print(" 您的爱好为 : ",hobbies)
```

程序输出结果：

请输入爱好之一 (最多三个，按 Q 或 q 结束)：旅游

请输入爱好之一 (最多三个，按 Q 或 q 结束)：音乐

请输入爱好之一 (最多三个，按 Q 或 q 结束)：运动

你输入了三个爱好。

您的爱好为 : 旅游 音乐 运动

▼ 任务实现

实现思路：程序运行后，首先进入登录界面。为了更好地与用户进行界面沟通，可以利用输出语句打印出登录界面。接着提示用户输入密码，将用户的密码与设定的密码进行比对，相等则表示密码输入正确，可进入系统。如果用户输入的密码不正确，则给第二、第三次输入密码的机会。可以使用循环来实现此功能。

程序如下：

```
i=1
while i<=3:
    print("----- 欢迎进入系统 ----------")
    print(" 请输入你的密码，你还有 %d 次机会 : "%(4-i))
    key=int(input())
    if key== 123:                        # 判断用户密码与设定的密码是否相等
        print(" 欢迎进入银行系统 !")      # 密码正确，利用 break 语句跳出循环
        break
    i+=1
    if i==4:
        print(" 很抱歉，你已经退出系统 !")  #3 次密码都输入错误，退出系统
```

程序输出结果：

----- 欢迎进入系统 ----------

请输入你的密码，你还有 3 次机会 :

1

----- 欢迎进入系统 ----------

请输入你的密码，你还有 2 次机会 :

2

----- 欢迎进入系统 ----------

请输入你的密码，你还有 1 次机会：

123

欢迎进入银行系统！

【练一练】　显示 1～100 之间不能被 7 整除的数，并且一行显示 10 个数。参考代码如下所示：

```
j = 0
for i in range(100):
    if i % 7 == 0:
        continue
    else:
        print(i,end=' ')
        j += 1
        if j % 10 == 0:
            print("\n")
```

程序输出结果：

1 2 3 4 5 6 8 9 10 11

12 13 15 16 17 18 19 20 22 23

24 25 26 27 29 30 31 32 33 34

36 37 38 39 40 41 43 44 45 46

47 48 50 51 52 53 54 55 57 58

59 60 61 62 64 65 66 67 68 69

71 72 73 74 75 76 78 79 80 81

82 83 85 86 87 88 89 90 92 93

94 95 96 97 99

小　结

程序流程控制结构包括顺序结构、选择结构和循环结构，由这 3 种基本流程控制结构组成的算法可以解决任何复杂的问题。

顺序结构是指程序从上向下依次执行每条语句的结构，中间没有任何判断和跳转。在 Python 中，print() 为输入函数，input() 为输出函数。

选择结构是根据条件判断的结果来选择执行不同的语句。在 Python 中使用 if 控制语句来实现选择结构。

循环结构是指根据条件来重复地执行某段代码。在 Python 中提供 while 语句、for 语句来实现循环结构。for 循环结合 range() 函数可以用于遍历一个自增的序列。

break 语句和 continue 语句用来实现循环结构的跳转。

习　题

一、选择题

1. Python 的输出函数是 (　　　)。

A. input()   B. printf()

C. print()   D. eval()

2. 在 if 语句中进行判断，产生 (　　　) 时会输出相应的结果。

A. 0   B. 1

C. 布尔值   D. 以上均不正确

3. 在 Python 中实现多个条件判断需要用到 (　　　) 语句与 if 语句的组合。

A. else   B. elif

C. pass   D. 以上均不正确

4. 可以使用 (　　　) 语句跳出当前循环的剩余语句，继续进行下一轮循环。

A. pass   B. continue

C. break   D. 以上均可以

5. 循环中可以用 (　　　) 语句来跳出循环。

A. pass   B. continue

C. break   D. 以上均可以

6. 在 for i in range(6) 语句中，i 的取值是 (　　　)。

A. [1,2,3,4,5,6]   B. [1,2,3,4,5]

C. [0,1,2,3,4]   D. [0,1,2,3,4,5]

7. 求值为 True 或 False 的表达式称为 (　　　)。

A. 操作表达式   B. 布尔表达式

C. 简单表达式   D. 复合表达式

8. 在 Python 中，判断的执行语句表示为 (　　　)。

A. 缩进   B. 括号

C. 花括号   D. 冒号

9. 在循环体中可以执行 (　　　) 语句让它终止。

A. if   B. input

C. break   D. exit

10. 执行下面的语句后，输出结果是 (　　　)。

```
s=0
for a in range(1,5):
    for b in range(1,a):
        s+=1
print(s)
```

A. 0   B. 1

C. 5   D. 6

二、程序题

1.输入一个年份，判断其是否为闰年 (能被 4 整除，但不能被 100 整除，或者能被 400 整除的年份为闰年)。输出结果如图 3-2 所示。

2.从键盘输入一位整数，当输入数字是 1～7 时，显示对应的英文星期名称的缩写 (1 表示 MON，2 表示 TUE，3 表示 WED，4 表示 THU，5 表示 FRI，6 表示 SAT，7 表示 SUN)；输入其他数字时，则提示用户重新输入；输入数字 0 时程序结束。输出结果如图 3-3 所示。

```
请输入数字1-7（输入0结束）：1
MON
请输入数字1-7（输入0结束）：5
FRI
请输入数字1-7（输入0结束）：a
请重新输入
请输入数字1-7（输入0结束）：0
程序结束！
```

```
请输入4位年份：2020
2020 是闰年
```

图 3-2 判断年份是否为闰年   图 3-3 显示星期名称的缩写

3.输入一名销售人员的姓名及其近 3 个月的销售金额，输出他最近 3 个月的平均销售金额，输出结果如图 3-4 所示。

4.输入一批整数，当输入数字 0 时结束，并输出其中的最大值和最小值。输出结果如图 3-5 所示。

```
输入销售姓名：
小叶
请输入第1个月的销售金额：
5000
请输入第2个月的销售金额：
6000
请输入第3个月的销售金额：
8000
小叶近3个月的平均销售额是：6333.333333333333
```

```
请输入一个整数（输入0结束）：25
请输入一个整数（输入0结束）：10
请输入一个整数（输入0结束）：49
请输入一个整数（输入0结束）：0
最大值是：49  最小值是：10
```

图 3-4 平均销售金额   图 3-5 显示最大值和最小值

第 4 章

Python 数据结构

 学习内容

- 常用的 Python 数据结构。
- 列表 (list)。
- 元组 (tuple)。
- 字典 (dict)。
- 集合 (set)。
- 迭代和列表解析。

 技能目标

- 能理解 Python 各种数据结构的特点和适用场景。
- 会使用列表处理数据。
- 会使用元组处理数据。
- 会使用字典处理数据。
- 会使用集合处理数据。
- 能运用迭代和列表解析处理各种类型的数据。

任务一 学党史，创佳绩

课程思政

▼ 任务描述

　　建党 100 周年之际，学校积极响应党和国家的号召，开展"学党史，创佳绩"活动。学校举行党史知识竞赛，让学生党员、预备党员以及入党积极分子参加，最终有 10 名同学进入决赛。本次的任务是使用 Python 编写成绩排名程序，输入 10 名同学的成绩，对其

从高到低排序输出。

▼ 相关知识

常用的 Python
数据结构

一、常用的 Python 数据结构

在编程中不但要处理单个数据，还要处理多个数据。不同场景下对数据的保存方式和处理方式有不同的需求，对于单个数据可以使用变量进行保存和操作，但在某些业务场景下还需要处理由多个数据组成的数据集。在 Python 中可以使用列表 (list)、元组 (tuple)、字典 (dict) 和集合 (set) 这 4 种数据结构来处理多个数据组成的数据集。这 4 种数据结构的特点和适用场景分别如下：

• 列表 (list)。列表是最常用的 Python 数据结构，数据在列表中是有序的，可以通过索引访问列表中的数据，并且列表中的数据可以修改。

• 元组 (tuple)。元组与列表一样，保存在其中的数据也是有序的，可以通过索引访问元组中的数据，但元组内的数据不能修改。

• 字典 (dict)。字典中的数据以键值对的形式保存，字典中的键是不重复的、唯一的，通过键能够快速地获得对应的值。字典中的数据是无序的。

• 集合 (set)。集合中的数据是不重复的、无序的。

二、列表 (list)

1. 列表的概念与特点

列表 (list)1

列表是以任意类型数据作为其元素并按顺序排列构成的有序集合，列表的主要特点如下：

(1) 列表中的数据是有序的，每个数据都会分配一个数字来标识这个数据在列表中的位置，称为索引。列表中第一个元素的索引是 0，第二个元素的索引是 1，其他元素的索引值以此类推，是一个升序整数数列。

(2) 列表的大小和列表中的元素都是可变的。

(3) 列表中可以存储不同数据类型的数据。

2. 使用列表存取数据

1) 创建列表

Python 可以很轻松地创建一个列表对象，只需将列表元素存入特定的格式或函数中就能实现。常用的创建列表的方法有两种：一种是使用方括号 [] 进行创建；另一种是使用 list() 函数进行创建。

使用方括号 [] 创建列表对象，只需要把所需的列表元素以逗号隔开，并用方括号 [] 将其括起来。当使用方括号 [] 而不存入任何元素时，就可创建一个空列表。Python 的列表对象中允许包括任意类型的对象，其中也包括列表对象，这说明可以创建嵌套列表。创

建列表的基本格式如下：

> 变量 =[数据 1, 数据 2,…]

【例 4-1】　表 4-1 为某公司部分员工的信息，使用列表保存这些员工月薪数据，并输出。

表 4-1　员 工 信 息

工　号	姓　名	月薪 / 元
A1	王华华	10 000
A2	李伟东	5200
A3	张三	4700
A4	李强	3860
A5	陈五	1200
A6	杨广	8500

实现思路：先创建一个列表并将员工的月薪数据保存到列表中，再使用 print() 函数将列表打印出。

程序如下：

```
salary=[10000,5200,4700,3860,1200,8500]
print(salary)
```

程序输出结果：

```
[10000, 5200, 4700, 3860, 1200, 8500]
```

2) 使用索引访问列表数据

为访问提取列表中的某个元素，可以在列表名称后面紧接包括索引的方括号 "[]"，就能访问提取出列表中对应的元素。列表中的数据是有序的，每个数据都有一个整数索引。列表索引有以下两种表现形式。

(1) 正向索引：列表中第一个数据的索引值为 0，最后一个数据的索引值为列表长度减 1。

(2) 反向索引：最后一个数据的索引值为 -1，第一个数据的索引值为负的列表长度。

也就是说，列表中的每个元素同时具有两个索引：一个为正数索引，另一个为负数索引。无论哪种索引都能够正确地访问到该元素，索引列表的基本格式如下：

> 变量 = 列表 [索引]

【例 4-2】　在例 4-1 的基础上，通过索引显示第三个员工和倒数第二个员工的月薪。

实现思路：第三个员工的月薪数据是列表中的第三个元素，因为正向索引从 0 开始计算，所以它的索引值为 2；倒数第二个员工的月薪数据是列表中的倒数第二个元素，反向索引的索引值从 -1 开始计算，所以它的索引值为 -2。

程序如下：

```
salary=[10000,5200,4700,3860,1200,8500]
print(" 列表中第三个员工的月薪是 %d"%(salary[2]))
print(" 列表中倒数第二个员工的月薪是 %d"%(salary[-2]))
```

程序输出结果：

```
列表中第三个员工的月薪是 4700
```

列表中倒数第二个员工的月薪是 1200

3) 更新列表中的数据

Python 的列表类型包含丰富灵活的列表方法，而且 Python 中也有很多方法支持对列表对象进行操作，可以对列表对象进行更复杂的处理。一般常用的处理包括对列表对象进行元素的增添、删除、修改、查询等。更新列表中数据的常用方法如表 4-2 所示。

表 4-2　更新列表中数据的常用方法

方法名	功　　能
append(obj)	在列表末尾添加新的数据 obj
insert(index,obj)	在列表中索引为 index 的位置插入新的数据 obj，插入位置之后的数据索引全部自增 1
pop(index=-1)	移除列表中的一个元素 (默认是最后一个元素)，并且返回该元素的值
list[index]=obj	将 obj 赋值给列表中索引为 index 的元素
del list[index]	删除列表中索引为 index 的元素，删除位置之后的数据索引全部自减 1

【例 4-3】　在例 4-1 的基础上，对保存员工月薪数据的列表进行以下操作，并输出更新后的列表。

(1) 公司新招了一名员工，月薪为 3000 元，将此数据加入到列表末尾。

(2) 公司新招了一名员工，月薪为 4500 元，将此数据插入到列表中索引为 2 的位置。

(3) 移除列表中的最后一个数据，并显示被移除的数据的值。

(4) 将列表中的第二个数据的值增加 100。

(5) 删除列表中的第五个数据。

实现思路：在列表末尾添加数据使用 append()；在列表中的指定位置添加数据使用 insert()；移除列表中的数据并获得该数据的值使用 pop()；使用 list[] 可以修改指定索引位置的数据，第二个数据的索引值为 1；使用 del 可以删除指定索引位置的数据，第五个数据的索引值为 4。

程序如下：

```
salary=[10000,5200,4700,3860,1200,8500]
salary.append(3000)              # 在列表末尾添加新数据 3000
print(" 在末尾添加新数据后的列表 :")
print(salary)
salary.insert(2,4500)            # 在列表中索引为 2 的位置添加新数据 4500
print(" 在列表中索引为 2 的位置添加新数据后的列表 :")
print(salary)
data=salary.pop()               # 移除列表中的最后一个数据，并显示移除的数据的值
print(" 移除的数据的值 :%d"%(data))
print(" 移除最后一个值后的列表 :")
print(salary)
salary[1]=salary[1]+100          # 将列表中的第二个数据的值增加 100
```

```
print(" 将第二个数据的值增加 100 后的列表 :")
print(salary)
del salary[4]                    # 删除列表中的第五个数据
print(" 移除第五个数据后的列表 :")
print(salary)
```

程序输出结果：

在末尾添加新数据后的列表：

[10000, 5200, 4700, 3860, 1200, 8500, 3000]

在列表中索引为 2 的位置添加新数据后的列表：

[10000, 5200, 4500, 4700, 3860, 1200, 8500, 3000]

移除的数据的值 :3000

移除最后一个值后的列表：

[10000, 5200, 4500, 4700, 3860, 1200, 8500]

将第二个数据的值增加 100 后的列表：

[10000, 5300, 4500, 4700, 3860, 1200, 8500]

移除第五个数据后的列表：

[10000, 5300, 4500, 4700, 1200, 8500]

4) 遍历列表

前面的示例直接使用列表索引查看列表中的数据或直接使用 print() 输出整个列表中的数据。在开发中经常需要遍历列表中的数据，此时可以使用 for 循环实现。

【例 4-4】 在例 4-1 的基础上，按照列表元素的顺序遍历输出所有员工的月薪。

实现思路：利用 for 循环遍历列表中的数据。

程序如下：

```
salary=[10000,5200,4700,3860,1200,8500]
for item in salary:
    print(" 员工的月薪是 %d"%item)
```

列表 (list)2

程序输出结果：

员工的月薪是 10000

员工的月薪是 5200

员工的月薪是 4700

员工的月薪是 3860

员工的月薪是 1200

员工的月薪是 8500

本例在使用 for 循环遍历列表中的数据，这种遍历方式无法在循环中修改列表中的值，也无法获得当前遍历的数据在列表中的索引值。

如果要在遍历列表的过程中修改列表中的元素或获取当前元素在列表中的索引值，可以先使用 len() 函数获取列表长度，再使用 range() 函数生成遍历列表的索引数列，最后在 for 循环中通过索引访问或修改列表中的元素。

【例 4-5】　在例 4-1 的基础上，将所有月薪小于 5000 元的员工月薪修改为 5000 元，并输出其索引值。

实现思路：使用 for 循环遍历列表，在遍历过程中修改列表数据的值，需要借助 len() 函数和 range() 函数生成遍历索引的数列；同时，在遍历过程中判断员工月薪是否小于 5000 元。若小于 5000 元，则修改其月薪为 5000 元并输出其索引值。

程序如下：

```
salary=[10000,5200,4700,3860,1200,8500]
for index in range(len(salary)):
    if salary[index]<5000:
        salary[index]=5000
        print(" 索引为 %d 的员工月薪小于 5000 元 "%index)
print(" 修改后的列表 :")
print(salary)
```

程序输出结果：

```
索引为 2 的员工月薪小于 5000 元
索引为 3 的员工月薪小于 5000 元
索引为 4 的员工月薪小于 5000 元
修改后的列表 :
[10000, 5200, 5000, 5000, 5000, 8500]
```

3. 二维列表

列表中的元素还可以是另一个列表，这种列表称为多维列表。只有一层嵌套的多维列表称为二维列表。在实际应用中，三维及以上的多维列表很少使用，主要使用的是二维列表，其基本格式如下：

```
变量 =[[ 元素 1, 元素 2,…] [ 元素 1, 元素 2,…],…]
```

【例 4-6】　使用列表保存表 4-1 中所有员工的工号、姓名和月薪信息，再使用 for 循环遍历输出所有的员工信息。

实现思路：员工数据包括工号、姓名和月薪，有的是字符串类型，有的是数值类型。因为表中的元素类型可以是不相同的，所以可使用列表来保存一个员工的数据；再将员工数据列表作为另一个列表的元素，构造二维列表；使用嵌套 for 循环遍历二维列表中的数据值。

程序如下：

```
employee_infos=[["Al"," 王华华 ",10000],
                ["A2"," 李伟东 ",5200],
                ["A3"," 张三 ",4700],
                ["A4"," 李强 ",3860],
                ["A5"," 陈五 ",1200],
                ["A6"," 杨广 ",8500]]
for employee_info in employee_infos:
```

```
    for item in employee_info:
        print(item,end=" ")
    print()
```

程序输出结果：

A1 王华华 10000

A2 李伟东 5200

A3 张三 4700

A4 李强 3860

A5 陈五 1200

A6 杨广 8500

三、元组 (tuple)

元组 (tuple)

1. 元组的概念与特点

1) 元组的概念

元组与列表非常相似，都是有序元素的数据集，并且可以包含任意类型元素。不同的是，元组是不可变的，这说明元组一旦创建后就不能修改，即不能对元组对象中的元素进行赋值修改、增加、删除等操作。列表的可变性可能更方便处理复杂问题 (如更新动态数据等)，但很多时候不希望某些处理过程中修改对象内容，例如，对于敏感数据，这时就需要用到元组的不可变性。

2) 元组的特点

元组的主要特点如下：

(1) 元组中存储的数据是有序的，每个元素都可以使用索引进行访问，索引规则与列表一致。

(2) 元组的大小和元组中的元素都是只读的、不可变的。

(3) 元组中可以存储不同数据类型的数据。

2. 创建元组

类似于列表，创建元组只需存入有序元素即可。常用的创建方法有使用圆括号 "()" 创建和使用 tuple() 函数创建。

使用圆括号 () 创建元组，是使用圆括号将有序元素括起来，并用逗号隔开即可。需要注意的是，这里的逗号是必须存在的，即使元组只有一个元素，后面也需要有逗号。在 Python 中定义元组的关键是其中的逗号，圆括号却可以省略。当输出元组时，Python 会自动加上一对圆括号。同样，若不向圆括号中存入任何元素，则会创建一个空元组，其基本格式如下：

变量 =(数据 1, 数据 2,…)

【例 4-7】 使用元组保存表 4-1 中的员工月薪数据，将元组中第三个数据修改为 6200 并输出。

程序如下：

```
salary=(10000,5200,4700,3860,1200,8500)
print(salary)
salary[2]=6200
print(salary)
```

程序输出结果：

(10000, 5200, 4700, 3860, 1200, 8500)

TypeError: 'tuple' object does not support item assignment

输出了"TypeError"的提示信息，表示代码在运行时出现了错误，错误的原因是在代码中尝试修改元组中的元素，但是元组中的数据是不允许修改的。

如果在开发中需要对元组中的数据进行修改，则可以先将元组转化成一个列表，然后修改列表中的数据。将元组转化成列表使用 list() 函数，再将列表转化成元组使用 tuple() 函数，使用方法与前面学过的数据类型转换方法一致。

▼ 任务实现

解题思路：

(1) 使用 input() 函数接收输入。

(2) 将输入的数据由字符串转换成整数或浮点数，然后将转换好的数据保存到列表中。

(3) 使用 sort() 函数进行排序。

程序如下：

```
r=10                      #学生人数
x=[]                      #创建列表
for i in range(r):
    a=eval(input(' 请输入第 {} 个数：'.format(i+1)))
    x.append(a)           #将数据加入列表
print(' 列表：',x)
x.sort()                  #列表排序
x.reverse()               #反转顺序
print(' 从高到低：',end=' ')
for v in x:
    print(v,end=' ')
```

程序输出结果：

请输入第 1 个数：11

请输入第 2 个数：22

请输入第 3 个数：33

请输入第 4 个数：55

请输入第 5 个数：66

请输入第 6 个数：77

请输入第 7 个数：44
请输入第 8 个数：99
请输入第 9 个数：88
请输入第 10 个数：10
列表：[11, 22, 33, 55, 66, 77, 44, 99, 88, 10]
从高到低：99 88 77 66 55 44 33 22 11 10

任务二　共学"中国共产党入党誓词"

课程思政

▼ 任务描述

　　入党誓词是《中国共产党章程》的重要内容，是每一位共产党员对人民的庄严承诺。共学"中国共产党入党誓词"任务是为了深刻地学习入党誓词，本次任务使用 Python 编写统计"中国共产党入党誓词"中使用的汉字和标点的次数，其中利用字典数据类型存储及输出每个汉字和标点使用的次数。部分输出结果如下：

我 出现了 1 次
志 出现了 1 次
愿 出现了 1 次
加 出现了 1 次
入 出现了 1 次
中 出现了 1 次
国 出现了 1 次
共 出现了 2 次
产 出现了 2 次
党 出现了 10 次

▼ 相关知识

一、字典 (dict)

字典 (dict)

1. 字典的概念与特点

　　我们已经学习了列表和元组两种数据结构，它们都可以用来存储数据，是开发中经常用到的数据结构。但是当列表中存储了很多数据之后，从列表中获取指定数据，耗时就会比较长。

　　如果获取数据前就知道数据的索引，将可以直接使用索引获取数据。如果不知道索引，就只能先遍历列表，再将符合条件的数据取出。这样做的效率非常低，无法满足业务需求。

如果要保存的数据具备某些唯一性，如每个人都有一个唯一的身份证号，则可以使用字典来保存这样的数据，以达到通过唯一标识快速获取数据的目的。

在 Python 中，字典是属于映射类型的数据结构。字典包含以任意类型的数据作为元素的数据集，同时各元素都具有与之对应且唯一的键，字典主要通过键来访问对应的元素。字典与列表、元组有所不同，后两者使用索引来对应元素，而字典的元素都拥有各自的键，每个键值对都可以看成是一个映射对应关系。此外，元素在字典中没有严格的顺序关系。由于字典是可变的，所以可以对字典对象进行元素的增、删、改、查等基本操作。

字典是一种以键值对 (key :value) 的形式保存数据的数据结构。其具有以下特点：

(1) 键必须是唯一的，但值可以不唯一。

(2) 键的类型只能是字符串、数字或者元组，值可以是任意数据类型。

(3) 通过键可以快速地获取与其唯一对应的值。

(4) 字典中的数据保存是无序的。

(5) 字典中的数据是可变的。

2. 使用字典存取数据

1) 创建字典

字典中最关键的信息是有对应映射关系的键值对，创建字典需要将键和值按规定格式存入特定的符号或函数中。Python 中常用的两种创建字典的方法分别是使用花括号 "{}" 创建和使用 dict() 函数创建。

使用花括号 "{}" 创建字典，只要将字典中的一系列键和值按键值对的格式存入花括号 "{}" 中并以逗号将各键值对隔开即可，其基本格式如下：

```
变量 ={ 键 1: 值 1, 键 2: 值 2,…}
```

若在花括号 {} 中不存入任何键值对，则会创建一个空字典。如果在创建字典时重复存入相同的键，则由于键在字典中不允许重复，所以字典最终会采用最后出现的重复键的键值对。

【例 4-8】　使用字典保存表 4-1 中的员工数据，其中员工工号作为字典的键，姓名和月薪组成的列表作为字典的值。

程序如下：

```
employee_infos={"A1":[" 王华华 ",10000],"A2":[" 李伟东 ",5200],"A3":[" 张三 ",14700],"A4":[" 李强 ", 3860],
"A5":[" 陈五 ",1200],"A6":[" 杨广 ",8500]}

print(employee_infos)
```

程序输出结果：

```
{'A1': [' 王华华 ',10000],'A2': [' 李伟东 ',5200],'A3': [' 张三 ',14700],'A4': [' 李强 ',3860],'A5': [' 陈五 ', 1200],
'A6': [' 杨广 ',8500]}
```

2) 提取字典数据

字典中的数据是通过键来访问的。与序列类型不同，字典作为映射类型数据结构，并没有索引的概念，也没有切片操作等处理方法，字典中只有键和值对应起来的映射关系，因此字典元素的提取主要是利用这种映射关系来实现。通过在字典名称后紧跟包括键的方

括号 [] 可以提取相应的值，其基本格式如下：

　　变量 = 字典 [键]

【例 4-9】　在例 4-8 的基础上，从字典中获取员工工号为 A4 的员工信息。

程序如下：

```
employee_infos={"A1":[" 王华华 ",10000],"A2":[" 李伟东 ",5200],"A3":[" 张三 ",14700],"A4":[" 李强 ", 3860],
"A5":[" 陈五 ",1200],"A6":[" 杨广 ",8500]}
employee_info=employee_infos["A4"]
print(" 工号为 A4 的员工信息 :")
print(employee_info)
```

程序输出结果：

```
工号为 A4 的员工信息 :
[' 李强 ',3860]
```

当从字典中获取数据时，如果键存在，则从字典中会获取到键对应的值；如果键不存在，则从字典中取值就会发生错误。为了避免出现这样的错误，可以先使用 in 关键字判断键是否存在于字典当中，如果存在，则再从字典中取值。

【例 4-10】　在例 4-8 的基础上，判断是否有工号为 A9 的员工，如果存在，则输出该员工的信息；如果不存在，则输出"工号不存在"。

程序如下：

```
employee_infos={"A1":[" 王华华 ",10000],"A2":[" 李伟东 ",5200],"A3":[" 张三 ",14700],"A4":[" 李强 ", 3860],
"A5":[" 陈五 ",1200],"A6":[" 杨广 ",8500]}
employee_num="A9"
if employee_num in employee_infos:
    employee_info=employee_infos[employee_num]
    print(" 号为 %s 的员工信息 :"%employee_num)
    print(employee_info)
else:
    print(" 工号不存在 ")
```

程序输出结果：

```
工号不存在
```

在开发过程中，常常遇到需要遍历字典的情况。这时，可以使用 for 循环遍历字典。首先使用 for 循环遍历字典的键，然后在循环代码块中通过键将对应的值取出，以达到遍历值的目的。

【例 4-11】　在例 4-8 的基础上，遍历字典中所有员工信息并输出。

实现思路：使用 for 循环遍历字典，获得所有员工的工号；在循环代码块中，通过员工工号获取员工信息，从而达到遍历员工信息的目的；最后输出员工工号及对应的员工信息。

程序如下：

```
employee_infos={"A1":[" 王华华 ",10000],"A2":[" 李伟东 ",5200],"A3":[" 张三 ",14700],"A4":[" 李强 ", 3860],
"A5":[" 陈五 ",1200],"A6":[" 杨广 ",8500]}
```

```
employee_num="Aq"
for employee_num in employee_infos:
    employee_info=employee_infos[employee_num]
    print(" 工号为 %s 的员工信息 :"%employee_num)
    print(employee_info)
```

程序输出结果：

工号为 A1 的员工信息 :

[' 王华华 ',10000]

工号为 A2 的员工信息 :

[' 李伟东 ',5200]

工号为 A3 的员工信息 :

[' 张三 ',14700]

工号为 A4 的员工信息 :

[' 李强 ',3860]

工号为 A5 的员工信息 :

[' 陈五 ',1200]

工号为 A6 的员工信息 :

[' 杨广 ',8500]

3) 更新字典中的数据

向字典中添加数据和修改数据的语法相同，其基本格式如下：

字典 [键]= 值

如果键不存在于字典中，则向字典中添加新的键和值；如果键已经存在于字典中，则将新值赋给键对应的值。

【例 4-12】　在例 4-8 的基础上，对员工信息进行以下修改：

(1) 向字典中添加一个新的员工数据：工号是 A7 的员工的姓名是李杨、月薪是 9000。

(2) 将工号为 A4 的员工的月薪修改为 4900。

(3) 输出修改后的员工信息。

程序如下：

```
employee_infos={"A1":[" 王华华 ",10000],"A2":[" 李伟东 ",5200],"A3":[" 张三 ",14700],"A4":[" 李强 ", 3860],
"A5":[" 陈五 ",1200],"A6":[" 杨广 ",8500]}
employee_infos["A7"]=[" 李杨 ",9000]
employee_info=employee_infos["A4"]
employee_info[1]=4900
employee_infos["A4"]=employee_info
print(employee_infos)
```

程序输出结果：

{'A1': [' 王华华 ',10000],'A2': [' 李伟东 ',5200],'A3': [' 张三 ',14700],'A4': [' 李强 ',4900],'A5': [' 陈五 ', 1200], 'A6': [' 杨广 ',8500],'A7': [' 李杨 ',9000]}

4) 删除字典中的数据

字典中的数据也可以删除，删除字典中的值是通过键来完成的，其基本格式如下：

del 字典 [键]

【例 4-13】 在例 4-8 的基础上，删除工号为 A4 的员工信息，将修改后字典中保存的员工信息输出。

程序如下：

employee_infos={"A1":[" 王华华 ",10000],"A2":[" 李伟东 ",5200],"A3":[" 张三 ",14700],"A4":[" 李强 ", 3860], "A5":[" 陈五 ",1200],"A6":[" 杨广 ",8500]}

del employee_infos["A4"]

print(employee_infos)

程序输出结果：

{'A1': [' 王华华 ',10000],'A2': [' 李伟东 ',5200],'A3': [' 张三 ',14700],'A5': [' 陈五 ',1200],'A6': [' 杨广 ', 8500]}

二、集合 (set)

集合 (set)

1. 集合的概念与特点

Python 中的集合类型数据结构就像是将各不相同的不可变数据对象无序地集中起来的容器。类似于字典中的键，集合中的元素都是不可重复的，并且属于不可变类型，元素之间没有排列顺序。集合的这些特性，使得它独立于序列和映射类型之外，Python 中的集合类型就相当于数学集合论中所定义的集合，人们可以对集合对象进行数学集合运算 (如并集、交集、差集等)。其具有以下的特点：

(1) 集合中保存的数据是唯一的、不重复的。

(2) 向集合中添加重复数据后，集合只会保留一个。

(3) 集合中保存的数据是无序的。

2. 使用集合存取数据

1) 创建集合

创建集合的情况分为两种。创建一个空集合，其基本格式如下：

变量 =set()

创建一个非空集合，其基本格式如下：

变量 ={ 元素 1, 元素 2,…}

【例 4-14】 某连锁餐饮公司两家分店当日销售菜品的部分清单如表 4-3 所示。

表 4-3　某连锁餐饮公司两家分店当日销售菜品的部分清单

a 分店	鱼香肉丝、米饭、鱼香肉丝、水煮牛肉、米饭、葱爆羊肉、蛋炒饭
b 分店	鱼香肉丝、米粉肉、米饭、烤鸭、水煮牛肉、米饭、蛋炒饭

创建一个非空集合用来统计 a 分店当日销售的菜品种类，并输出集合中的数据。

程序如下：

branch_a={" 鱼香肉丝 "," 米饭 "," 鱼香肉丝 "," 水煮牛肉 "," 米饭 "," 葱爆羊肉 "," 蛋炒饭 "}

```
print("a 分店当日销售的菜品种类 :")
print(branch_a)
```

程序输出结果：

a 分店当日销售的菜品种类：

{' 鱼香肉丝 ',' 米饭 ',' 水煮牛肉 ',' 蛋炒饭 ',' 葱爆羊肉 '}

从输出结果可以看出，在集合 branch_a 中重复添加的"鱼香肉丝"和"米饭"两种菜品在集合中均只出现了一次，显示了集合的去重功能。

2) 使用集合

我们可以向一个已经存在的集合中添加或删除元素，添加元素使用 add() 方法，删除元素使用 remove() 方法。

【例 4-15】　根据表 4-3 创建一个集合用来统计 b 分店当日销售的菜品种类，并输出集合中的数据。要求先创建一个空集合，然后使用 add() 方法向集合中添加数据。

程序如下：

```
branch_b=set()
branch_b.add(" 鱼香肉丝 ")
branch_b.add(" 米饭 ")
branch_b.add(" 米粉肉 ")
branch_b.add(" 米饭 ")
branch_b.add(" 烤鸭 ")
branch_b.add(" 水煮牛肉 ")
branch_b.add(" 蛋炒饭 ")
print("b 分店当日销售的菜品种类 :")
print(branch_b)
```

程序输出结果：

b 分店当日销售的菜品种类：

{' 烤鸭 ',' 鱼香肉丝 ',' 蛋炒饭 ',' 水煮牛肉 ',' 米饭 ',' 米粉肉 '}

在开发过程中，集合常常用于统计不重复的数据项或用于数据过滤。在统计不重复的数据项时，需要输出集合中的所有元素。因为集合中的元素是无序的，所以不能通过索引来访问集合中的数据，也不能像字典那样使用键来访问集合中的数据，这时可以通过 for 循环来遍历并获取集合中的元素。

在数据过滤的使用场景中，需要判断一个数据是否已经存在于集合中。此时可以使用 in 关键字来判断集合中是否存在某个元素。如果指定的元素存在于集合中，返回 True；如果不存在，则返回 False。

【例 4-16】　在例 4-14 的基础上遍历输出 a 分店当日销售的菜品种类，并判断 a 分店是否卖过米粉肉，将结果输出。

程序如下：

```
branch_a={" 鱼香肉丝 "," 米饭 "," 鱼香肉丝 "," 水煮牛肉 "," 米饭 "," 葱爆羊肉 "," 蛋炒饭 "}
print(" 今天 a 分店销售的菜品种类是 :")
```

```
for species in branch_a:
    print(species,end=" ")
print()
if " 米粉肉 " in branch_a:
    print(" 今天 a 分店卖过米粉肉 ")
else:
    print(" 今天 a 分店没有卖过米粉肉 ")
```

程序输出结果：

今天 a 分店销售的菜品种类是：

葱爆羊肉 鱼香肉丝 水煮牛肉 蛋炒饭 米饭

今天 a 分店没有卖过米粉肉

3) 集合运算

Python 中的集合与数学上的集合一样，也可以计算两个集合的差集、交集和并集。"–"指计算两个集合的差集；" ｜ "指计算两个集合的并集；"&"指计算两个集合的交集。

【例 4-17】 在例 4-14 和例 4-15 的基础上，按照以下要求输出显示：

(1) 两家分店当日都有销售的菜名名称。

(2) 两家分店当日有销售的所有菜品名称。

程序如下：

```
branch_a={" 鱼香肉丝 "," 米饭 "," 鱼香肉丝 "," 水煮牛肉 "," 米饭 "," 葱爆羊肉 "," 蛋炒饭 "}
branch_b={" 鱼香肉丝 "," 米粉肉 "," 米饭 "," 烤鸭 "," 水煮牛肉 "," 米饭 "," 蛋炒饭 "}
print(" 两家分店当日都有销售的菜品名称 :")
print(branch_a & branch_b)            # 两家分店当日都有销售的菜品名称 ( 取交集 )
print(" 两家分店当日有销售的所有菜品名称 :")
print(branch_a|branch_b)              # 两家分店当日有销售的所有菜品名称 ( 取并集 )
```

程序输出结果：

两家分店当日都有销售的菜品名称：

{' 水煮牛肉 ',' 米饭 ',' 鱼香肉丝 ',' 蛋炒饭 '}

两家分店当日有销售的所有菜品名称：

{' 米粉肉 ',' 米饭 ',' 鱼香肉丝 ',' 烤鸭 ',' 葱爆羊肉 ',' 水煮牛肉 ',' 蛋炒饭 '}

三、迭代和列表解析

1. 迭代

迭代和列表解析

字符串、列表、元组和字典等对象没有自己的迭代器，可通过调用 iter() 函数生成迭代器。对迭代器调用 next() 函数即可遍历对象。next() 函数依次返回可迭代对象的元素，当无数据返回时，会产生异常，例如：

```
>>>x=iter([1,2,3])
>>>next(x)
1
```

```
>>>next(x)
2
>>>next(x)
3
>>>next(x)
Traceback (most recent call last):
File "<pyshell#4>", line 1, in <module>
    next(x)
StopIteration
```

2. 列表解析

列表解析与循环的概念紧密相关，下面的示例说明如何使用 for 循环来修改列表：

```
>>>t=[1,2,3,4]
>>>for x in range(4)
    t[x]=t[x]+10
>>>t
[11, 12, 13, 14]
```

使用列表解析来代替上面示例的 for 循环：

```
>>>t=[1,2,3,4]
>>>t=[x+10 for x in t]
>>>t
[11, 12, 13, 14]
```

列表解析的基本格式如下：

表达式 for 变量 in 可迭代对象 if 表达式

1) 带条件的列表解析

可以在列表解析中使用表达式设置筛选条件，例如：

```
>>>[x+10  for x in range(10) if x%2==0]        # 用 if 筛选偶数
[10, 12, 14, 16, 18]
```

2) 多重解析嵌套

列表解析支持嵌套，例如：

```
>>>[x+y for x in (10,20) for y in (1,2,3)]
[11, 12, 13, 21, 22, 23]
```

在嵌套时，Python 对第一个 for 循环中的每个 x 执行嵌套 for 循环。可通过下面代码的嵌套 for 循环来生成上面的列表：

```
>>>a=[ ]
>>>for x in (10,20):
        for y in (1,2,3):
            a.append(x+y)
>>>a
```

[11, 12, 13, 21, 22, 23]

▼ 任务实现

解题思路：

(1) 使用字符串保存"中国共产党入党誓词"全文。

(2) 遍历字符串中所有的汉字和标点。

(3) 在遍历过程中使用字典结构统计汉字和标点的个数。

(4) 判断新字符是否存在于字典中，如果不存在，则添加新字符到字典中作为键并将值赋值为 1；如果已存在，则将值加 1。

(5) 使用 for 循环遍历输出汉字、标点的个数。

程序如下：

```
poem = """ 我志愿加入中国共产党，拥护党的纲领，遵守党的章程，履行党员义务，执行党的决定，严守党的纪律，保守党的秘密，对党忠诚，积极工作，为共产主义奋斗终身，随时准备为党和人民牺牲一切，永不叛党。"""
character_counts = {}
for character in poem:
    if character in character_counts:
        character_counts[character] += 1
    else:
        character_counts[character] = 1
for key in character_counts:
    print("%s 出现了 %d 次 "%(key,character_counts[key]))
```

程序输出结果（部分结果）：

```
我 出现了 1 次
志 出现了 1 次
愿 出现了 1 次
加 出现了 1 次
入 出现了 1 次
中 出现了 1 次
国 出现了 1 次
共 出现了 2 次
产 出现了 2 次
党 出现了 10 次
```

小　结

本章主要介绍了 Python 的常用组合数据类型，包括列表、元组、字典和集合等。其中，列表用于保存有序的数据，可以修改、删除列表中的数据。元组用于保存有序数据，但是元组在创建之后就不能再修改了。字典以键值对模式保存数据，通过字典的键可以快速地从字典中获得其对应的值。在字典中保存的数据是无序的。集合中的元素具有唯一性，常被用于过滤或统计数据使用，保存在集合中的数据是无序的。列表、元组、字典和集合都可以使用 for 循环来遍历其中的数据。

组合数据类型为数据提供了结构化的存储和处理方法。熟练掌握各种数据类型的操作，可以帮助读者提高编程效率。

习　　题

一、选择题

1. 表达式 "[3] in [1,2,3,4]" 的值是 (　　)。

A. False   B. True

C. 1   D. 3

2. 表达式 "3 in [1,2,3,4]" 的值是 (　　)。

A. False   B. True

C. 1   D. 3

3. 已知 a=[1,2,3] 和 b=[1,2,4]，那么 a[1] ==b[1] 的执行结果为 (　　)。

A. False   B. True

C. 1   D. 0

4. 以下不能创建一个字典的语句是 (　　)。

A. dict1={}   B. dict1={3:5}

C. dict1={[1,2,3]:"aa"}   D. dict1={(1,2,3):"aa"}

5. 下列描述正确的是 (　　)。

A. 字典是有序的，列表也是有序的

B. 字典中的键可以重复，值也可以重复

C. 字典是一种映射，它的每个元素都是一个键值对

D. 字典中的键和值都可以为列表类型

6. 以下不能创建一个集合的语句是 (　　)。

A. set1={}   B. set1={1}

C. set1={1,"abc"}   D. set1={1,(2,3)}

7. 若要获取两个集合 A 和 B 的并集，在 Python 中应该使用 (　　)。

A. B   B. A+B

C. A|B   D. A^B

8. 在 Python 中对两个集合对象实行操作 A&B，得到的结果是 (　　)。

A. 并集   B. 交集

C. 差集   D. 异或集

9. 下列类型的对象属于可变序列的是 (   )。

A. 字符串   B. 列表

C. 集合   D. 元组

10. 在表达式 a+b 中，变量 a 和 b 的类型不能是 (   )。

A. 字符串   B. 列表

C. 集合   D. 元组

二、程序题

1. 使用二维列表保存学生信息，如表 4-4 所示。

表 4-4　学　生　信　息

姓　名	年　龄	性　别	年　级	班　级	成　绩
李四	15	男	7	2	84
赵五	16	男	8	1	90
王二	15	女	8	1	83
张三	17	女	8	3	92

(1) 将李四和赵五的信息在创建阶段就加入到列表中。

(2) 将王二的信息加入到列表中，放到列表的末尾。

(3) 将张三的信息加入到列表中索引为 0 的位置上。

将列表中的学生信息输出。输出结果如图 4-1 所示。

```
张三的信息是：
17岁，女性，8年级3班，成绩92.0
李四的信息是：
15岁，男性，7年级2班，成绩84.0
赵五的信息是：
16岁，男性，8年级1班，成绩90.0
王二的信息是：
15岁，女性，8年级1班，成绩83.0
```

图 4-1　显示学生信息

2. 创建一个 20 以内的奇数列表，计算列表中所有数的和。输出结果如图 4-2 所示。

```
[1, 3, 5, 7, 9, 11, 13, 15, 17, 19]
和 = 100
```

图 4-2　20 以内的奇数和

3. 给定有关生日信息的字典 {" 小明 ":"4 月 1 日 "," 小红 ":"1 月 2 日 "," 老王 ":"4 月 1 日 "," 小强 ":"9 月 10 日 "}，查询出小明的生日并修改为 "5 月 1 日 "；将老王的生日信息删除；增加小王的生日信息为 "10 月 1 日 "。输出结果如图 4-3 所示。

```
小明的生日：4月1日
小明修改后的生日：5月1日
删除老王的生日后的信息：{'小明':'5月1日','小红':'1月2日','小强':'9月10日'}
增加小王的生日后的信息：{'小明':'5月1日','小红':'1月2日','小强':'9月10日','小王':'10月1日'}
```

图 4-3　生日信息的字典

4. 有两个集合，集合 A:{1,2,3,5} 和集合 B:{4,5,6,7,8}，计算这两个集合的差集、并集和交集。从键盘输入一个数据，判断其是否在集合 A 或集合 B 中。输出结果如图 4-4 所示。

```
A = {1, 2, 3, 4, 5}
B = {4, 5, 6, 7, 8}
A - B = {1, 2, 3}
A | B = {1, 2, 3, 4, 5, 6, 7, 8}
A & B = {4, 5}
请输入一个数：3
3 in A = True
3 in B = False
```

图 4-4 两个集合计算

第 5 章

函 数 与 模 块

学习内容

- 函数的定义。
- 函数参数的传递。
- 函数的返回值。
- 变量的作用域。
- 常用函数。
- 模块。
- 模块包。
- 常用内置模块介绍。

技能目标

- 掌握函数的定义及其使用方法。
- 能理解变量的作用域。
- 能使用常用函数。
- 掌握模块和模块包的使用方法。
- 能使用常用内置模块。

任务一　编写党员信息管理系统

课程思政

▼ 任务描述

　　党员信息管理系统可以对党员的基本信息进行管理，规范基层党支部的建设，提高信息化管理水平。本次的任务是使用 Python 编写党员信息管理系统，实现显示党员信息和添加党员信息。

▼ **相关知识**

函数定义

一、函数的定义

函数是有组织的、可重复使用的代码块。它用于执行单个相关操作，可以提高应用的模块性和代码的重复利用率。在前面的章节中，函数就已经出现过，如 input()、print()、int()、eval()、range() 等。这些函数都是 Python 内置的标准函数 (即内置函数)，可以直接使用。除了内置函数，Python 还支持自定义函数，即通过把一段代码定义为函数，来达到一次编写多次调用的目的。

1. 内置的标准函数及使用

内置函数是 Python 自带的、开发者可以直接使用的基本函数。Python 中有很多内置函数，这些函数就是一个小程序，它们接收、处理输入，并产生输出。

在 Python 交互式编程环境下，输入 help() 函数，会得到 Python 当前版本等信息。例如：

```
>>>help()
```

对于 Python 中不熟悉用法的内置函数，可以使用 help() 函数来查看它们的相关内容，其格式为：help(函数名)。例如：

```
>>>help(print)
```

dir() 函数可以查看所要查询函数的一些文档字符串列表，这些文档字符串主要包括了模块的介绍、方法及功能的说明等，例如：

```
>>>dir(print)
```

需要注意的是，dir() 函数的查询方法与 help() 函数大致类似，但 dir() 函数仅仅列出一个文档字符串列表，而 help() 函数则更为详细清楚。

下面给出了几个基本的内置函数：

```
>>>int(2.8)
2
>>>chr(65)
'A'
>>> ord(' A')
65
>>>round(2.34,1)
2.3
```

以上 4 个内置函数的输出都是单值，int() 函数是将括号中的数据转换为整型，chr() 函数是将括号中的数据转换为字符，ord() 函数是将括号中的数据转换为 ASCII 码值，round() 函数是获取指定位数的小数。Python 中常用的内置函数如表 5-1 所示。

表 5-1 Python 中常用的内置函数

函数	描　　述	函数	描　　述
abs(x)	返回一个数字的绝对值	bin(x)	将整数转换为以"0b"为前缀的二进制字符串
len(s)	返回对象的长度	max()	返回最大项
sum(list)	求取 list 元素的和	min()	返回最小项
pow(a,b)	获取乘方数	sorted(list)	对列表进行排序并返回排序后的 list
round(a,b)	获取指定位数的小数，a 代表浮点数，b 代表要保留的位数	int(str)	转换为 int 型
help()	调用内置的帮助系统	str(int)	转换为字符型

函数括号中的部分叫作函数的实际参数，在前面的示例中，前三个函数只有 1 个实际参数，最后一个函数有 2 个实际参数。参数可以是数值，也可以是变量或任何其他类型的表达式。

(1) 参数为数值。例如：

>>>num=int(2.8)

>>>print(num)

2

(2) 参数为变量。例如：

>>>num1=2.8

>>>num2= int(num1)

>>>print(num2)

2

(3) 参数为表达式。例如：

>>>num1=1.2

>>>num2=int(2*num1)

>>>print(num2)

2

2. 用户自定义函数及调用

如前所述，Python 允许开发者自定义函数，自定义函数的过程也可以理解为创建一个具有某种功能的方法。函数的定义格式如下：

def 函数名 ([形参列表]):

　　函数体

　　[return 表达式]

函数的调用格式如下：

函数名 ([实参列表])

自定义函数包括函数头和函数体。函数头由 def 关键字、函数名、形参列表组成。函数体则包含一个定义函数做什么的语句集。函数名用于函数的调用，而参数用于向函数中输入数据。如果函数存在多个参数，那么各参数间需要用 "，" 分隔；如果不指定参数，则表示该函数没有参数。同时还需注意如下规则：

(1) 以 def 关键字开头，后接函数名和圆括号。

(2) 在圆括号中定义参数。

(3) 函数名是一种标识符，命名规则为全小写字母，可以使用下画线增加可阅读性。

(4) 函数体以冒号开始，并且要缩进。

(5) return 关键字会返回一个值给调用函数方，return 后面不带表达式则返回 None。

【例 5-1】 函数的定义和调用例子，实现两数的和。

程序如下：

```
def my_add(a,b):          # 定义有返回值函数 my_add()
    return (a+ b)          # 函数体
def my_print():           # 定义无返回值函数 my_print()
    print("hello Python")  # 函数体
c=my_add(11,22)           # 调用有返回值函数 my_add()
print(c)                  # 输出返回值
my_print()                # 调用无返回值函数 my_print()
```

程序输出结果：

```
33
hello Python
```

二、函数参数的传递

在使用函数时，通过参数列表将参数传入函数，执行函数中的代码后，执行结果将通过返回值返回给调用函数方或直接输出。

参数列表为空的函数称为无参函数。如果函数不需要从外部传递数据到函数中，则可以使用无参函数。但是无参函数的局限性比较大，

函数参数的传递

很多场景下都需要在调用函数时向函数内传递数据，此时定义的函数就是有参函数。在 Python 中，函数的参数在定义时，一般有位置参数、默认参数、关键字参数、不定长参数等。

1. 位置参数

函数定义时可以包含一个形参列表，而函数调用时则通过传递实参列表，以允许函数体中的代码引用这些参数变量。在定义函数时声明的参数，即形式参数，简称形参；在调用函数时，提供函数需要的参数的值，即实际参数，简称实参。

实际参数值必须按默认位置顺序依次传递给形式参数。如果参数个数不对，则会出现语法错误。

【例 5-2】 位置参数例子，实现比较两个数的大小，并输出结果。

程序如下：

```
def my_compare(a,b):
    if a>b:print(a,">",b)
```

```
        elif a==b:print(a,"=",b)
        else:print(a,"<",b)
my_compare(1,2)
x=11;y=8
my_compare(x,y)
my_compare(1)
```

程序输出结果：

```
1 < 2
11 > 8
Traceback (most recent call last):
    File "C:/Users/Administrator/Desktop/5-2.py",line 8,in <module>
        my_compare(1)
TypeError: my_compare() missing 1 required positional argument: 'b'
```

2. 默认参数

Python 允许在定义函数时给参数设置默认值，这样的参数称为默认参数。给参数添加默认值的方法是在定义函数时使用"="给参数赋值，赋值号右侧即为参数的默认值。设置了默认值的参数，在调用时可以不给这个参数显式赋值，此时参数值就是它的默认值；如果在调用时给这个参数赋值，则默认值不生效，例如：

```
>>>def babble(words,times=1):
        print(words*times)
>>>babble("Hello")
Hello
>>>babble("Hello",3)
HelloHelloHello
```

需要注意的是，必须先声明没有默认值的形参，然后声明有默认值的形参。这是因为函数在调用时，默认是按位置传递实际参数值的，例如：

```
>>>def my_func(a,b=5):
        pass
>>>def my_func(a=5,b)
SyntaxError: invalid syntax
```

3. 关键字参数

在调用函数时，可通过名称（关键字）指定传入的参数，如 my_func(a=1,b=2) 或 my_func(b=2,a=1)。按关键字指定传入的参数称为关键字参数。使用关键字参数具有 3 个优点：参数按名称意义明确；传递的参数与顺序无关；如果有多个可选参数，则可选择指定某个参数值。

【例 5-3】 关键字参数示例，验证 3 种调用方式是否等价。例如，根据本金 b、年利率 r、年数 n，计算最终收益 v 的函数，公式 $v = b(1 + r)^n$。

程序如下：

```
def getValue(b,r,n=5):
    v=b*((1+r)**n)
    print(format(v,'.2f'))
getValue(1000,0.05)
getValue(b=1000,r=0.05)
getValue(r=0.05,b=1000)
```

程序输出结果：

```
1276.28
1276.28
1276.28
```

4. 不定长参数

在定义函数时，允许声明带星的参数，如 def func(*args)，则表明调用本函数时允许向函数传递可变数量的实参。调用函数时，当带一个星号时，则从"*"后所有的参数被收集为一个元组；当带两个星号时，则从"**"后所有的参数被收集为一个字典。

带"*"或"**"的参数必须位于形参列表的最后位置。

【例 5-4】 可变参数示例 1。

程序如下：

```
def my_sum(a,b,*c):
    total=a+b
    for n in c:
        total=total+n
    return total
print(my_sum(1,2))
print(my_sum(1,2,3,4,5))
print(my_sum(1,2,3,4,5,6,7))
```

程序输出结果：

```
3
15
28
```

【例 5-5】 可变参数示例 2。

程序如下：

```
def my_sum(a,b,*c,**d):
    total=a+b
    for n in c:
        total=total+n
    for key in d:
        total=total+d[key]
```

```
        return total
print(my_sum(1,2))
print(my_sum(1,2,3,4,5))
print(my_sum(1,2,3,4,5,male=6,female=7))
```
程序输出结果：
```
3
15
28
```

三、函数的返回值

函数可以返回值，并且返回的值可以是任意数据类型。在函数体中使用 return 语句就可以从函数返回一个值，并终止函数的执行，如果需要返回多个值，则可以返回一个元组，例如：

函数的返回值

```
>>>def func():
        return 1,2,3
>>a,b,c=func()
>>>a, b, c                 # 结果 (1, 2, 3)
```

【例 5-6】 求若干数中最大值函数，如输入 3 个数，输出最大的数。

求若干数中最大值函数的方法如下：

(1) 最大值的初值设为一个比较小的数，或者取第一个数为最大值的初值。

(2) 利用循环，将每个数与最大值比较，若此数大于最大值，则将此数设置为最大值。

程序如下：

```
def my_max(a,b,*c):             # 求最大值
    max_value =a
    if max_value<b:
        max_value=b
    for n in c:
        if max_value<n:
            max_value=n
    return max_value
def my_main():
    x=int(input(" 请输入第一个数： "))
    y=int(input(" 请输入第二个数： "))
    z=int(input(" 请输入第三个数： "))
    max1=my_max(x,y,z)
    print(" 最大的数是： ",max1)
my_main()
```
程序输出结果：

请输入第一个数：5

请输入第二个数：6

请输入第三个数：3

最大的数是：6

四、变量的作用域

变量声明的位置不同，其可被访问的范围也不同。变量的可被访问
范围称为变量的作用域。变量的作用域由变量所在源代码中的位置决定。
Python 变量的作用域可以分为以下四类：

变量的作用域

(1) 局部作用域。局部作用域一般是在函数内部声明变量。我们可
以理解此变量为一个局部变量，只能在函数内部使用，超出范围变量就不能使用。例如，
下面的示例在运行时，系统会报错：

```
>>>def func():
        x=10                    # 函数内的局部变量 x
>>>print(x)                     # x 是局部变量，不能在 func() 函数外被访问
```

(2) 嵌套作用域。嵌套作用域和局部作用域是相对的，嵌套作用域相对于更上的层的函
数而言，也是局部作用域。嵌套作用域与局部作用域的区别在于对同一个函数而言，局部
作用域是定义在此函数内部的局部，而嵌套作用域是定义在此函数内部的下一层函数的局部。

(3) 全局作用域。全局作用域一般是在函数外部声明变量，此变量被称为全局变量。
全局变量的适用范围是整个 .py 文件。

(4) 内置作用域。内置作用域是在系统中的内置模块定义变量，它包含 Python 的各种
预定义变量和函数。

下面的程序中包含了 4 种作用域：

```
a=int(2.6)                      # 内置作用域
a_count=0                       # 全局作用域
def outer():
    b_count=1                   # 局部作用域
    def inner():
        c_count=2               # 嵌套作用域
```

需要注意的是，在函数内部的变量，是在调用函数时 (即函数执行期间) 才会被创建
的，函数执行结束后，内部变量也会从内存中自动删除。

1. global 关键字

当作用域外的变量与作用域内的变量名称相同时，以“本地”优先为原则，此时外部
的变量会被屏蔽。例如：

```
a=1                             # 赋值，创建全局变量 a
def demo1():
    a=123                       # 赋值，创建局部变量 a
```

```
        print("demo1:",a)          # 输出局部变量 a
demo1()
print("demo1:",a)                  # 输出全局变量 a
```

程序输出结果：

```
demo1: 123
demo1: 1
```

若将上面的示例修改，如下所示：

```
a=1                                # 赋值，创建全局变量 a
def demo1():
        print("demo1:",a)          # 这里的 a 是局部变量，此时还未创建该变量就使用，所以会出错
        a=123                      # 赋值，创建局部变量 a
        print("demo1:",a)
demo1()
print("demo1:",a)
```

此程序运行出错，原因是在赋值之前引用了变量 a。demo1() 函数的第一条语句中的变量 a 是局部变量，此时它还未被创建出来就使用，所以程序会出错。

解决此类问题，可以使用 global 关键字。其作用是将一个内部作用域的变量变为全局作用域的变量。上面示例可修改为：

```
a=1                                # 赋值，创建全局变量 a
def demo1():
        global a                   # 声明 a 全局变量
        print("demo1:",a)          # 输出全局变量 a
        a=123                      # 为全局变量 a 重新赋值
        print("demo1:",a)
demo1()
print("demo1:",a)
```

程序输出结果：

```
demo1: 1
demo1: 123
demo1: 123
```

2. nonlocal 关键字

global 关键字使函数外部与函数内部的变量相通。nonlocal 关键字的使用方法和 global 关键字类似，只是它用于修改嵌套作用域中的变量。

【例 5-7】 nonlocal 关键字的使用。

程序如下：

```
def e_count():
        num=10
        def inner():
```

```
        nonlocal num          # nonlocal 关键字声明
        num= 100
        print(num)
    inner()
    print(num)
e_count()
```

程序输出结果：

```
100
100
```

五、常用函数

1. lambda() 函数

常用函数

lambda() 函数又被称为匿名函数，它没有复杂的定义格式，仅由一行代码构成，其基本格式如下：

```
result=lambda [ argl, arg2, arg3, …, argN ]:expression
```

其中，result 用于接收 lambda() 函数的结果，[argl,arg2,arg3,…,argN] 指的是可选参数，用于指定要传递的参数列表，参数之间使用 "," 分隔。expression 为必选参数，它是一个表达式，用于描述函数的功能，如果函数有参数，那么将在这个表达式中使用。例如，使用 lambda() 函数求两数的和：

```
>>>add=lambda x,y:x+y
>>>result=add(1,2)
>>>print(result)
3
```

需要注意的是，在使用 lambda() 函数时，参数可以有多个，但表达式只能有一个，并且在表达式中不能出现 if、while 这种非表达式语句。

【例 5-8】 使用普通函数与 lambda() 函数计算圆的面积。

程序如下：

```
# 普通函数
import math
def area(r):
    result=math.pi*r*r
    return result
r=3
print(" 使用普通函数计算圆面积是 :",area(r))
#lambda 函数
areal=lambda r:math.pi*r*r
print(" 使用 lambda() 函数计算圆面积是 :",areal(r))
```

程序输出结果：

使用普通函数计算圆面积是：28.274333882308138

使用 lambda() 函数计算圆面积是：28.274333882308138

2. zip() 函数

zip() 函数是 Python 的一个内置函数，它接受一系列可迭代的对象作为参数，将对象中对应的元素打包成一个个 tuple(元组)，然后返回由这些 tuple 组成的 list(列表)。其应用形式为 zip([iterable,…])。若传入参数的长度不等，则返回 list 的长度和参数中长度最短的对象相同，例如：

```
>>>x=zip()
>>>print(list(x))
```

程序输出结果：

```
[]
```

从结果可以看出 zip() 函数在没有参数时运作的方式。

```
>>>x=[1,2,3]
>>>x=zip(x)
>>>print(list(x))
```

程序输出结果：

```
[(1, ),(2, ),(3, )]
```

从结果可以看出 zip() 函数在只有一个参数时运作的方式。

下面看看有多个参数的情况：

```
>>>x=[1,2,3]
>>>y=[4,5,6]
>>>xy=zip(x, y)
>>>for i in xy:
>>>print(i, end=")
```

程序输出结果：

```
(1,4)(2,5)(3,6)
```

由此可见，zip() 函数可以将几个列表中的元素按次序组合成一个元组。如果将多个列表传入 zip() 函数，也可以执行相同的操作，例如：

```
>>>x=[1,2,3]
>>>y=[4,5,6]
>>>z=[7,8,9]
>>>xyz=zip(x,y,z)
>>>print(list(xyz))
```

程序输出结果：

```
[(1,4,7),(2,5,8),(3,6,9)]
```

当两个列表的长度不一样时，操作如下：

>>>x=[1,2,3]

>>>y=[4,5,6,7]

>>>xy= zip(x, y)

>>>print(list(xy))

程序输出结果：

[(1,4),(2,5),(3,6)]

从这个结果可以看出 zip() 函数的长度处理方式。

▼ **任务实现**

解题思路：

(1) 使用函数来封装每个功能：打印主菜单、显示党员信息、添加党员信息。

(2) 使用二维列表来保存党员信息，党员的信息包括编号、姓名、入党时间。

(3) 根据实际需求，将保存党员信息的列表作为参数传入函数。

程序如下：

```
memberlist = [["11099"," 小叶 ","2016-04-01"],
              ["11098"," 小杨 ","2018-05-01"],
              ["11088"," 小卢 ","2016-04-01"]]
# 打印系统界面提示
def print_menu():
    print("="*20)
    print(" 党员信息管理系统 V0.1")
    print("1. 显示党员信息 ")
    print("2. 添加党员信息 ")
    print("3. 退出系统 ")
    print("="*20)
# 显示党员信息
def print_member_list(memberlist):
    print(" 编号 \t\t"," 姓名 \t\t"," 入党时间 ")
    for memberinfo in memberlist:
        print(memberinfo[0],"\t\t",memberinfo[1],"\t\t",memberinfo[2],"\t\t")
# 添加党员信息
def add_member_info(code, name, ok_date):
    for memberinfo in memberlist:
        if code == memberinfo[0]:
            print(" 此党员已存在于系统中，无法重新添加 ")
```

```
            return
        memberlist.append([code,name,ok_date])
        print(" 党员信息添加成功 ")
while True:
    print_menu()
    action = input(" 请输入要执行的操作 ( 填写数字 ):")
    # 显示党员信息
    if action == "1":
        print("=" * 20)
        print_member_list(memberlist)
        print("=" * 20)
    # 添加党员信息
    elif action == "2":
        print("=" * 20)
        code = input(" 请输入编号： ")
        name = input(" 请输入姓名： ")
        ok_date = input(" 请输入入党时间： ")
        add_member_info(code, name, ok_date)
        print("=" * 20)
        pass
    elif action == "3":
        print(" 谢谢使用 ")
        break
```

程序输出结果如图 5-1 所示。

```
====================
党员信息管理系统V0.1
1. 显示党员信息
2. 添加党员信息
3. 退出系统
====================
请输入要执行的操作（填写数字）:1
====================
编号          姓名          入党时间
11099         小叶          2016-04-01
11098         小杨          2018-05-01
11088         小卢          2016-04-01
====================
党员信息管理系统V0.1
1. 显示党员信息
2. 添加党员信息
3. 退出系统
====================
请输入要执行的操作（填写数字）:
```

图 5-1　党员信息管理系统 V0.1

【练一练】　编写自定义函数，判断从键盘输入的一个数是否为双数。

任务二 为公益事业作小贡献

课程思政

▼ 任务描述

中国福利彩票发行的目的是团结各界热心社会福利事业的人士，发扬社会人道主义精神，筹集社会福利资金，兴办残疾人、老年人、孤儿等福利事业和帮助有困难的人，具有鲜明的公益性。双色球是中国福利彩票中的一种，本次的任务是使用 Python 编写双色球中奖程序。

▼ 相关知识

模块

一、模块

在程序开发过程中，开发人员不会将所有的代码都放到一个源程序文件中，而是将功能相近的类或函数放到一起，这样代码结构清晰，管理维护也方便。我们之前所编写的 Python 文件就是一个模块 (也称为模块文件)，其扩展名是 .py。在模块中可以定义变量、函数或类等可执行的代码，其他的程序可以导入模块，以使用该模块中相应的变量、函数或类等。

1. 创建模块

在 Python 中是以文件的形式来表示模块的，一个模块就是一个以 .py 为扩展名的文件，文件的名字就是模块的名字，格式为"模块名 .py"。

若将两个数求和的函数程序文件保存在工作目录"D:\python\ch05"内，并命名为 my_Add.py，就可以将其看成是一个模块，代码如下：

```
def my_Sum(a,b):
    return a+b
```

2. 导入模块

创建模块后，为了在别的程序中使用该模块中的变量、函数或类等，需要先导入该模块。可使用 import 或 from 语句导入模块，该导入语句可以在程序中的任意位置使用，基本格式如下：

```
import 模块名称
import 模块名称 as 新名称
from 模块名称 import 导入的对象名称
from 模块名称 import 导入的对象名称 as 新名称
from 模块名称 import *
```

1) import 语句

import 语句用于导入整个模块，导入模块后，使用"**模块名称 . 对象名称**"格式来引用模块中的对象。

编写一个名为 test_Add.py 的文件，将其保存在工作目录"D:\python\ch05"内，用来导入上节中创建的 my_Add 模块并使用它，代码如下：

```
import my_Add
result= my_Add.my_Sum(1,2)
print(result)
```

在编程中如果被导入的模块名字太长，那么可以为导入的模块设定一个新名称，之后就可以通过这个新名称来调用模块中的变量、函数或类等，如使用"**新名称 . 对象名称**"格式来引用模块中的对象。但需要注意的是，新名称不能与系统或者程序中已定义的变量重名，若给上面的 my_Add 模块设定 a 为新名称，则修改上面 test_Add.py 文件的代码如下：

```
import my_Add as a
result= a.my_Sum(1,2)
print(result)
```

2) from…import 语句

在使用 import 语句时，每导入一个模块就会创建一个新的命名空间，因此在引用模块中的变量、函数或类等对象时，需要加上"**模块名 .**"，即模块名前缀。如果想要省去此前缀，则可以使用 from…import 语句，只导入指定模块中的部分对象至当前程序，这样就可以直接引用模块中的变量、函数和类名等对象。修改上面 test_Add.py 文件的代码如下：

```
from my_Add import my_Sum
result= my_Sum(1,2)
print(result)
```

或

```
from my_Add import my_Sum as a
result= a(1,2)
print(result)
```

需要注意的是，在使用 from…import 导入模块中的变量、函数或类等对象时，需要保证导入的这些内容在当前命名空间是唯一的，否则会出现冲突，后导入的同名内容会覆盖之前的内容。例如，复制 my_Add.py 文件并将其重命名为 my_Add2.py，修改上面 test_Add.py 文件的代码如下：

```
from my_Add import my_Sum
from my_Add2 import my_Sum
x= my_Sum(1,2)
y= my_Sum(1,2)
print(x)
print(y)
```

程序运行后会出现报错，原因就是 my_Add2 模块的 my_Sum() 方法将 my_Add 模块的 my_Sum() 方法覆盖了。所以当两个模块存在同名变量时, 应使用 import 语句导入模块。

　　3) from…import * 语句

　　在使用星号时, 可导入模块中所有变量、函数或类等对象, 修改上面 test_Add.py 文件的代码如下:

```
from my_Add import *
result= my_Sum(1,2)
print(result)
```

3. 模块的属性

　　在模块中, 有一些内置的属性用于完成特定的任务, 即使是自定义创建的模块, 也会包含这些内置的属性。利用 dir() 函数可以查看模块中的属性。以自定义 my_Add.py 模块为例, 查看其中的属性, 模块中的内容如下:

```
def my_Sum (a,b):
    return  a+b
```

模块中包含了一个自定义函数, 接下来在别的程序中导入这个模块, 并查看其中的属性:

```
import my_Add
print(dir(my_Add))
```

输出结果如下:

```
['__builtins__','__cached__','__doc__','__file__','__loader__','__name__','__package__','__spec__','my_Sum']
```

　　由此可以看到, 列表中除了包含已定义的函数名外, 还包含了许多其他形如 "__XXXX__" 的方法, 这就是模块的属性, 其中 Python 内置的属性以双下画线开头和结尾, 其他属性为代码中的名称。下面介绍几个常用的属性。

　　首先介绍 __name__ 属性。每个模块都有 __name__ 属性, 如果当前模块是主模块, 那么这个模块 __name__ 的值就是 __main__。如果模块是被导入的, 那么这个被引入模块 __name__ 的值就等于该模块名, 即模块运行文件名中去掉 .py 扩展名的部分。也就是说, __name__ 的值表明了当前模块运行的方式, 因此可以用 "if __name__ == '__main__':" 来判断该模块是主模块还是被调入模块。例如, 先创建一个名为 test.py 的文件, 其判断模块类型的代码如下:

```
def name_test():
    print("test is running")
    if __name__=="__main__":
        print("test is main")
    if __name__=="test":
        print("test is imported")
```

在 test. py 自身中调用 name _test() 函数:

```
name_test()
```

输出结果如下:

```
test is running
test is main
```

从上面的情况可以看出，当 test.py 作为主程序时，其内置的 __name__ 属性是等于 __main__ 的。接下来测试另一种情况，在相同的工作目录中再创建一个名为 test2.py 的文件并将 test.py 作为模块导入，其中的代码如下：

```
import test
test. name_test()
```

输出结果如下：

```
test is running
test is imported
```

从中可以看出，当 test.py 作为模块被导入时，其内置的 __name__ 属性是模块名。

__name__ 属性可以应用在代码重用、测试模块等方面，通过它 Python 就可以分清楚哪些是主函数，从而进入主函数执行。

同时，模块本身是一个对象，而每个对象都会有一个 __doc__ 属性，该属性用于描述该对象的作用。函数语句中，如果第一个表达式是一个字符串，那么这个函数的 __doc__ 就是这个字符串，否则 __doc__ 的值是 None。例如，下面修改 test2.py 的模块代码，以查看上面 test. py 中的 __doc__ 属性：

```
import test
print(test.__doc__)
```

输出结果如下：

```
None
```

由此可以看到，test.py 中没有对模块的描述，即第一行并不是字符串，则返回值为None。将上边的 test.py 模块修改成如下形式：

```
    """this is a test file"""
def name_test():
    print("test is running")
    if __name__=="__main__":
        print("test is main")
    if __name__=="test":
        print("test is imported")
```

再运行 test2.py 模块，则程序输出 this is a test file。

由此又可以看到，__doc__ 属性将模块中的第一行字符串，即对模块的描述进行输出。

如果再修改 test2.py 的模块代码如下：

```
import test
print(test.__file__)
print(test.__file__)
```

会输出什么？请读者自己试一试。

二、模块包

大型系统通常会根据代码功能将模块放在多个目录中，在导入位于

模块包

目录中的模块时，需要指定目录路径，Python 将存放模块的目录称为包 (即模块包)。

1. 包的基本结构

　　在编写程序的过程中会创建许多模块，为了防止各模块间名字的重复，也为了将某些功能相近的模块组织在同一个目录下，就需要运用包来管理。包可以简单理解为文件夹，导入使用包的方式跟使用模块类似，但需要注意的是，当把文件夹作为包使用时，文件夹中需要包含 __init__.py 模块文件，主要是为了避免将文件夹名作为普通的字符串。在 __init__.py 模块文件中，可以编写一些初始化代码，当包被导入时，__init__.py 模块文件会自动执行。当然 __init__.py 模块文件也可以为空。Python 中包、模块、函数、类和属性之间的关系如图 5-2 所示。

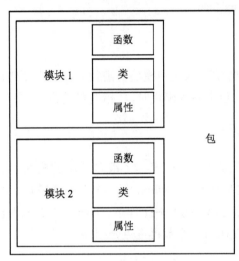

图 5-2　Python 中包、模块、函数、类和属性之间的关系

2. 导入包

按下面的步骤创建包 pytemp 及其子目录：

(1) 打开 Windows 的资源管理器，在工作目录 "D:\python\ch05" 内新建文件夹 pytemp。

(2) 在工作目录 "D:\python\ch05\pytemp" 内新建文件夹 db 作为包，然后创建一个名为 __init__.py 的文件并保存在其中。

(3) 同样在文件夹 db 中创建一个名为 my_Add.py 的文件，其程序代码如下：

```
def my_Sum (a,b):
    return  a+b
```

(4) 创建完成之后，就可以通过导入语句从包中加载模块，有以下 3 种方法：

① 使用 import 导入包。例如，在文件夹 pytemp 中创建一个名为 textpackage1.py 的文件，其程序代码如下：

```
import db.my_Add
result= db.my_Add.my_Sum(1,2)
print(result)
```

其中，db 指的是要加载包的名称，而 my_Add 指的是要导入的模块的名称。由此可以看出，通过 import 方法导入后，在使用时需要使用完整的名称。

② 使用 from…import 导入包。例如，在文件夹 pytemp 中创建一个名为 textpackage2.py 的文件，其程序代码如下：

```
from db import my_Add

result= my_Add .my_Sum(1,2)

print(result)
```

其中，db 指的是要加载包的名称，而 my_Add 指的是要导入的模块的名称。由此可以看出，通过该方式导入模块后，使用时不需要带包前缀，但需要带模块名。

③ 在文件夹 pytemp 中创建一个名为 textpackage3.py 的文件，其程序代码如下：

```
from db. my_Add import my_Sum

result= my_Sum(1,2)

print(result)
```

由此可以看出，通过这种方法导入包中模块的函数后，不需要包前缀和模块名前缀，直接使用函数即可。因此，在向包中导入模块时，应指明包的路径，在路径中使用点号分隔目录。

三、常用内置模块介绍

常用内置模块介绍

因为 Python 语言的开源性，所以产生了很多开源的模块。其中一些使用场景广泛的模块被集成到了 Python 中，称为内置模块，其他未集成到 Python 中的模块称为第三方模块（库）。下面介绍 2 个内置模块的应用，第三方模块（库）在后面章节再重点介绍。

1. 绘图工具：turtle 库

1) turtle 库的基本概念

turtle 库（也称为海龟绘图库）提供了基本绘图功能，是 Python 语言中一个很流行的绘制图像的函数库。想象一只小乌龟，在一个横轴为 x、纵轴为 y 的坐标系中从原点 (0，0) 位置开始，根据一组函数指令的控制而移动，从而在它爬行的路径上绘制出图形。

turtle 库的文件为 Python 安装目录下的 turtle.py 文件。绘图之前，应导入 turtle 模块。下面是 turtle 库的经典示例代码，该代码可绘制"turtle sun"图形：

```
import turtle                # 导入 turtle 模块
turtle.color("red","yellow")   # 设置画笔颜色为 red，填充颜色为 yellow
turtle.begin_fill()          # 开始填充
while True:
    turtle.forward(200)      # 画笔前进 200 像素
    turtle.left(170)         # 画笔向左旋转 170°
    if abs(turtle.pos())<1:  # 检查当前坐标
        break
turtle.end_fill()            # 结束填充
```

turtle.mainloop()　　　　　　　　　　# 开始事件循环

程序输出结果如图 5-3 所示。

turtle 库在图形窗口 (也称为画布) 中完成绘图，绘图窗口的标准坐标系如图 5-4 所示。绘图窗口的中心为坐标原点，x 轴正方向为前进方向，x 轴负方向为后退方向，y 轴上方为左侧方向，y 轴下方为右侧方向，turtle 库通过画笔在画布中的移动完成绘图。

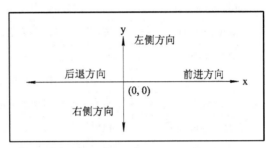

图 5-3　"turtle sun"图形　　　　　　　　图 5-4　turtle 绘图窗口的标准坐标系

2) turtle 绘图的基本知识点

(1) 画布 (canvas)。画布是指 turtle 库中用于绘图的区域，可以设置它的大小和初始位置。在设置画布大小的语句 turtle.screensize(canvwidth=None, canvheight=None, bg=None) 中，参数分别为画布的宽 (单位像素)、高及背景颜色，如：

turtle.screensize(800,600,"green")

turtle.screensize()　　　　　　　　　# 返回默认大小 (400, 300)

在设置画布初始位置的语句 turtle.setup(width=0.5, height=0.75, startx=None, starty=None) 中，参数 width 和 height 输入为整数时，表示像素；为小数时，表示占据计算机屏幕的比例，(startx, starty) 这一坐标表示矩形窗口左上角顶点的位置，如果为空，则窗口位于屏幕中心，如：

turtle.setup(width=0.6, height=0.6)

turtle.setup(width=800, height=800, startx=100, starty=100)

(2) 画笔。在 turtle 绘图中，使用位置方向描述小乌龟 (画笔) 的状态。画笔的属性是指画笔的宽度、颜色、移动速度等，分述如下：

① turtle.pensize()：设置画笔的宽度。

② turtle.pencolor()：设置画笔的颜色，没有参数传入时，返回当前画笔颜色；可传入参数设置画笔颜色，可以是字符串 (如 "green" 和 "red")，也可以是 RGB 元组。

③ turtle.speed(speed)：设置画笔的移动速度，画笔绘制的速度范围为 [0, 10] 的整数，数字越大移动越快。

画笔绘图命令是指操纵海龟绘图的命令，可以划分为 4 种：运动命令、控制命令、全局控制命令和其他命令，分别如表 5-2～表 5-5 所示。

表 5-2　画笔运动命令

命　令	说　明
turtle.forward(distance)	向当前画笔方向移动 distance 像素长度
turtle.backward(distance)	向当前画笔相反方向移动 distance 像素长度
turtle.right(degree)	顺时针移动 degree 度
turtle.left(degree)	逆时针移动 degree 度
turtle.pendown()	落下画笔，之后移动画笔绘制图形
turtle.goto(x, y)	将画笔移动到坐标为 (x，y) 的位置
turtle.penup()	提起画笔移动，不绘制图形，用于另起一个地方绘制
turtle.circle()	画圆，半径为正（负），表示圆心在画笔的左边（右边）画圆
setx()	将当前 x 轴移动到指定位置
sety()	将当前 y 轴移动到指定位置
setheading(angle)	设置当前朝向为 angle 角度
home()	设置当前画笔位置为原点，朝向东
dot(r)	绘制一个指定直径和颜色的圆点

表 5-3　画笔控制命令

命　令	说　明
turtle.fillcolor(colorstring)	绘制图形的填充颜色
turtle.color(color1, color2)	同时设置 pencolor = color1，fillcolor = color2
turtle.filling()	返回当前是否在填充状态
turtle.begin_fill()	准备开始填充图形
turtle.end_fill()	填充完成
turtle.hideturtle()	隐藏画笔的 turtle 形状
turtle.showturtle()	显示画笔的 turtle 形状

表 5-4　全局控制命令

命　令	说　明
turtle.clear()	清空 turtle 窗口，但是 turtle 的位置和状态不会改变
turtle.reset()	清空窗口，重置 turtle 状态为起始状态
turtle.undo()	撤销上一个 turtle 动作
turtle.invisible()	返回当前 turtle 是否可见
stamp()	复制当前图形
turtle.write(s[,font="font-name", font_size,"font_type"])	写文本，s 为文本内容，font 是字体的参数，分别为字体名称、大小和类型；font 为可选项，font 参数也是可选项

表 5-5 其 他 命 令

命　令	说　　明
turtle.mainloop() 或 turtle.done()	启动事件循环调用 tkinter 库的 mainloop() 函数，必须是海龟图形程序中的最后一个语句
turtle.mode(mode=None)	设置海龟模式 ("standard" "logo" 或 "world") 并执行重置。如果没有给出模式，则返回当前模式
turtle.delay(delay=None)	设置或返回以 ms 为单位的绘图延迟
turtle.begin_poly()	开始记录多边形的顶点，当前的海龟位置是多边形的第一个顶点
turtle.end_poly()	停止记录多边形的顶点，当前的海龟位置是多边形的最后一个顶点，将与第一个顶点相连
turtle.get_poly()	返回最后记录的多边形

3) 命令样式介绍

turtle.circle(radius, extent=None, steps=None)

描述：以给定半径画圆。

参数：radius 指半径，半径的正 (负)，表示圆心在画笔的左边 (右边) 画圆；extent 指弧度；steps 指半径为 radius 的圆的内切正多边形的边数。

示例：

```
circle(50)              # 整圆
circle(50, steps=3)     # 三角形
circle(120, 180)        # 半圆
```

4) turtle 绘图实例

【例 5-9】 利用 turtle 库绘制一个五角星。

程序如下：

```
import turtle                        # 导入 turtle 模块中的函数
turtle.color("red","yellow")         # 设置画笔颜色为 red，填充颜色为 yellow
turtle.pensize(5)                    # 设置画笔的宽度为 5 像素
turtle.hideturtle()                  # 隐藏画笔的 turtle 形状
turtle.begin_fill()                  # 开始填充
while True:
    turtle.forward(300)              # 画笔前进 300 像素
    turtle.right(144)                # 画笔方向向右旋转 144°
    if abs(turtle.pos())<1:          # 检查当前坐标
        break
turtle.end_fill()                    # 结束填充
turtle.speed(2)                      # 设置画笔移动速度为 2
turtle.penup()                       # 提起画笔移动，不绘制图形，用于另起一个地方绘制
turtle.goto(-150,-130)               # 将画笔移动到坐标为 (-150,-130) 的位置
```

```
turtle.color("green")                # 设置画笔颜色
# 写文本 Python，字体名为 Arial，字体大小为 30，字形为 normal
turtle.write("Python",font=("Arial",30,"normal"))
turtle.mainloop()                    # 开始事件循环
```

程序输出结果如图 5-5 所示。

图 5-5　turtle "star" 图形

2. 随机数工具：random 库

1) random 库概述

random 库提供了随机数生成函数，其模块为 Python 安装目录下的 random.py 文件。各种程序设计语言几乎都提供了随机数生成功能。程序设计语言通过随机数生成器来获得随机数。Python 的随机数生成器采用应用最为广泛的马特赛特旋转 (Mersenne Twister) 算法，它可以产生 53 位精度浮点数，其在底层用 C 语言实现。下面是 random 库的示例代码，该代码每次运行都会生成不同的整数：

```
import random                        # 导入 random 模块
for n in range(5):                   # 循环 5 次
    print(random.randint(1,10))      # 输出一个 [1, 10] 的整数
```

在编写程序的过程中，常常需要用到随机数，可以使用随机数函数实现。从示例可知，使用随机数函数需先导入 random 模块，然后使用 random 模块中的方法即可。其中用的最常见的方法有 random()、randrange()、uniform()、randint() 和 shuffle()。

2) random 库的方法

(1) random() 方法。random() 方法用于返回随机生成的一个实数，随机数取值范围为 [0, 1)，例如：

```
>>>import random
>>>print(random.random())
0.232670687203080482
```

(2) randrange() 方法。randrange() 方法用于返回指定范围集合中按某一步长递增的一个随机数，用法如下：

```
random.randrange(start, stop, step)
```

其中：start 是指定范围内的开始值，包含在范围内；stop 是指定范围内的结束值，但不包含在范围内；step 是步长，步长的默认值为 1。例如：

```
>>>import random
>>>print(random.randrange(2,8,3))
5
```

(3) uniform() 方法。uniform() 方法用于生成一个指定范围内的随机浮点数,用法如下:

```
random.uniform(x, y)
```

其中:x 是指定范围内的开始值,包含在范围内;y 是指定范围内的结束值,也包含在范围内。例如:

```
>>>import random
>>>print(random.uniform(10,20))
14.694150587428672
```

(4) randint() 方法。randint() 方法用于生成一个指定范围内的整数,用法如下:

```
random.randint(x,y)
```

其中:x 指定范围内的开始值,包含在范围内;y 指定范围内的结束值,也包含在范围内。例如:

```
>>>import random
>>>print(random.randint(12,20))
13
```

(5) shuffle() 方法。shuffle() 方法用于将一个列表中的元素打乱,用法如下:

```
random.shuffle(x)
```

其中,x 是 list 和 tuple 中的任意一种,例如:

```
>>>import random
>>>p=[1,2,3,4,5,6]
>>>random.shuffle(p)
>>>print(p)
[2, 6, 1, 3, 4, 5]
```

3) random 库的实例

【例 5-10】 使用随机方法输出 5 个 5 位的随机字符串。

程序如下:

```
import random                          # 导入 random 库
def getRandomChar():                   # 获得随机字符
    num =str(random.randint(0,9))      # 获得随机数字
    lower=chr(random.randint(97,122))  # 获得随机小写字母
    upper=chr(random.randint(65,90))   # 获得随机大写字母
    char=random.choice([num,lower,upper])  # 从序列中随机选择
    return char
for m in range(5):                     # 输出 5 个字符串
    s=""
```

```
        for n in range(5):                              # 生成一个 5 位的随机字符串
            s+=getRandomChar()
    print(s)
```

程序输出结果：

EBw4U

boXzM

0VC1E

AJj1I

DJRFC

在上例中，输出结果是随机生成的，所以每次运行程序结果都由 5 个字符组成一行，共输出 5 行，但组成的字符是不相同的。

▼ 任务实现

解题思路：

(1) 根据双色球规则：6 位不重复的蓝球，蓝球的选号范围为 1～33，生成蓝球号码时使用 random 模块，生成号码的范围为 1～33。生成蓝球号码时要验证新生成的号码与已生成的号码是否重复，如果重复需重新生成，则可以使用列表的 append() 方法保存蓝球号码及用 if 语句判断元素是否重复。

(2) 根据双色球规则：1 位红球，红球的选号范围为 1～16，生成红球号码时使用 random 模块，生成号码的范围为 1～16。

(3) 根据双色球规则：蓝球依从小到大的顺序排列，可利用列表的 sort() 方法实现。

程序如下：

```
from random import randint
blue_balls=[]
while len(blue_balls)!=6:
    blue_ball=randint(1,33)
    if blue_ball not in blue_balls:
        blue_balls.append(blue_ball)
red_ball=randint(1,16)
blue_balls.sort()
print(" 蓝球：",blue_balls)
print(" 红球：",red_ball)
```

程序输出结果：

蓝球：[4, 12, 19, 20, 22, 29, 32]

红球：4

【练一练】　导入随机数模块，生成一个 0～99 的整数。

小　　结

本章主要介绍了函数、变量作用域、模块和模块包等内容。掌握函数的作用是封装代码，提高代码的可读性、可复用性和可扩展性。可以通过参数向函数中传递数据，也可以通过返回值向函数外返回数据。函数的参数类型有位置参数、默认参数、不定长参数和关键字参数，适用于不同的使用场景。模块通常用于定义公共的常量、函数以及类等，通过学习掌握模块的导入和包的使用方法，一个 .py 文件就是一个模块，多个模块放在一个文件夹中就构成了包。使用模块能够更好地管理代码，提高代码的可读性。

习　　题

一、选择题

1. Python 中定义函数的关键字是 (　　)。

A. def　　　　　　　　　　　B. define

C. function　　　　　　　　　D. defun

2. 定义函数时，函数体的正确缩进为 (　　)。

A. 一个空格　　　　　　　　　B. 两个制表符

C. 4 个空格　　　　　　　　　D. 4 个制表符

3. 不定长参数 *args 传入函数时的存储方式为 (　　)。

A. 元组　　　　　　　　　　　B. 列表

C. 字典　　　　　　　　　　　D. 数据框

4. 下列不是使用函数的优点的是 (　　)。

A. 减少代码重复　　　　　　　B. 使程序更加模块化

C. 使程序便于阅读　　　　　　D. 为了展现智力优势

5. 程序中使用函数的部分称为 (　　)。

A. 用户　　　　　　　　　　　B. 调用者

C. 被调用者　　　　　　　　　D. 语句

6. 在 Python 中，实际的参数 (　　) 传递给函数。

A. 按值　　　　　　　　　　　B. 按引用

C. 随机　　　　　　　　　　　D. 按联网

7. 以下对自定义函数 def interest(mone, day=1, interest_rate=0.05) 调用错误的是 (　　)。

A. interest(3000)　　　　　　　B. interest(3000, 3,0.1)

C. interest(day=2, 3000,0.05)　　D. interest(3000, interest_rate=0.1, day=7)

8. 函数通过 (　　) 来将结果返回到程序。

A. return　　　　　　　　　　B. print

C. assignment   D. SASE

9. 一个没有 return 语句的函数将返回 (   )。

A. 什么都不返回   B. 函数参数

C. 函数中变量   D. None

10. 在以下导入模块方式中，使用模块中的函数时不需要加模块名前缀的是 (   )。

A. import numpy   B. from numpy import *

C. import numpy as np   D. from numpy import matrix and array

二、程序题

1. 定义一个 lambda() 函数，从键盘输入 3 个整数，输出其中的最大值，输出结果如下：

请输入第一个数：10
请输入第二个数：20
请输入第三个数：5
其中的最大值为：20

2. 编写一个函数，判断用户传入的对象 (字符串、列表、元组) 长度是否大于 10。输出结果如图 5-6 所示。

请输入内容：我正在学习Python
判断传入对象的长度是否大于10
True

图 5-6　判断用户传入的对象长度

3. 定义一个函数列表，列表包含 3 个函数，分别用于完成两个整数的加法、减法和乘法运算。从键盘输入两个数，调用列表中的函数完成加法、减法和乘法运算。输出结果如图 5-7 所示。

请输入两个数：2,3
2 + 3 = 5
2 - 3 = -1
2 * 3 = 6

图 5-7　完成加法、减法和乘法运算

第 6 章

文件与异常处理

 学习内容

- 认识文件。
- 文本文件的处理。
- CSV 文件的处理。
- 路径和文件操作。
- 错误与异常。
- 异常处理。

 技能目标

- 能识别常用文件类型。
- 会使用 Python 对 txt(文本) 文件、CSV 文件进行读写操作。
- 会使用 os、glob、shutil 模块对文件及路径进行操作。
- 能理解异常的概念。
- 会使用 try-except 和 try-except-finally 异常处理机制。
- 会使用 raise 主动抛出异常。

课程思政

任务一　完善党员信息管理系统的安全性

▼ 任务描述

　　为了使系统更加安全，信息不容易泄露，任何信息管理系统都应设置用户 ID 和密码，那么用户 ID 和密码怎么设置以及存储在哪里呢？本次的任务是使用 Python 编写系统登录验证程序，完善党员信息管理系统的安全性，要求将用户 ID 和密码以字典对象的格式存

入文件中，然后从文件中读取数据，并与用户输入的用户 ID 和密码进行比较，如果一致，则进入系统，否则提示输入的用户 ID 或密码错误。

▼ 相关知识

一、认识文件

认识文件

文件是指记录在存储介质上的一组相关信息的集合，存储介质可以是纸张、计算机磁盘、光盘或其他电子媒体，也可以是照片或标准样本，还可以是它们的组合。

在本章内容中，对于文件，若无特殊说明，主要是指计算机文件，即以计算机磁盘为载体存储在计算机上的信息集合。

1. 文件类型

计算机中的文件包含文档文件、图片、程序、快捷方式、设备程序等。为区分不同文件及不同文件类型，需要给不同的文件指定不同的文件名称。在 Windows 系统下，文件名称由文件名和扩展名组成，扩展名由小圆点及其后的字符组成。

例如，当 readme.txt 作为文件名称时，readme 是文件名，.txt 为扩展名，表示这个文件是纯文本文件，所有文字处理软件或编辑器都可将其打开。

常见文件的扩展名及其对应的打开方式如表 6-1 所示。

表 6-1　常见文件的扩展名及其对应的打开方式

文件类型	扩 展 名	打 开 方 式
文档文件	.txt	可用 Microsoft word 及 WPS 软件打开
	.doc、.docx、.rtf	可用 Microsoft word 及 WPS 软件打开
	.hlp	可用 Adobe Acrobat Reader 打开
	.html	可用浏览器等打开
	.pdf	可用各种电子阅读软件打开
压缩文件	.rar、.zip、.gz、.z	可用 WinRAR、Zip 打开
图形文件	.bmp、.gif、.jpg、.pic、.png、.tif	可用常用图像处理软件打开
声音文件	.wav、.mp3、.wma、.mmf、.flac	可用媒体播放器打开
	.aif、.au	可用声音处理软件打开
动画文件	.avi、.mov、.swf	可用动画处理软件打开
系统文件	.int、.sys、.dll、.adt	—
可执行程序文件	.exe、.com	—
映像文件	.map	—
备份文件	.back、.old、.wbk、.xlk、.ckr_	—
临时文件	.tmp、.syd、._mp、.gid、.gts	—
模板文件	.dot	可用 Microsoft word 及 WPS 软件打开
批处理文件	.bat	可用 Microsoft word 及 WPS 软件打开

2. 文件命名

Windows 系统下的文件命名规则如下：

(1) 文件名最长可以使用 255 个字符。

(2) 使用扩展名。扩展名用来表示文件类型，也可以使用多间隔符的扩展名，其文件类型由最后一个扩展名决定，例如，win.ini.txt 是一个合法的文件名。

(3) 文件名中允许使用空格，但不允许使用英文输入法状态下的 <、>、/、\、:、"、*、?。

(4) Windows 系统对文件名中大小写的字母在显示时会有不同，但在使用时不区分大小写。

需要注意的是，扩展名可以人为设定，扩展名为 .txt 的文件也有可能是一张图片，同样，扩展名为 .mp3 的文件，也可能是一个视频，但是人为修改扩展名可能会导致文件损坏。

二、文本文件的处理

1. 打开与关闭文件

在 Python 中进行文件的打开和关闭操作要使用两个方法：open() 方法和 close() 方法。当需要对文件进行操作时，首先使用 open() 方法打开一个文件，对文件操作完成后，使用 close() 方法关闭文件。使用 open() 方法的基本格式如下：

文本文件处理 1

```
myfile= open(filename[,mode])
```

其中，myfile 为引用文件对象的变量，filename 为文件名，mode 为文件读写模式。文件名可包含相对或绝对路径，当省略路径时，Python 在当前工作目录中搜索文件并打开。

【例 6-1】 利用 open()、close() 方法分别打开、关闭文件。

实现思路：首先创建工作目录 "D:\python\ch06"（本章所有例题存放在本目录），并在本目录内创建一个空白的 news.txt 文件，然后再创建一个名为 test1.py 的文件，利用相对路径和绝对路径两种方式打开 news.txt 文件。

程序如下：

```
myfile=open("news.txt")            # 打开 news.txt 文件，参数为相对路径，模式缺省为默认只读
                                   # (r) 模式
print(myfile)
myfile.close()
myfile=open(r"D:\python\ch06\news.txt")   # 参数为绝对路径，模式缺省为默认只读 (r) 模式
print(myfile)
myfile.close()
```

程序输出结果：

```
<_io.TextIOWrapper name='news.txt' mode='r' encoding='cp936'>
<_io.TextIOWrapper name='D:\\python\\ch06\\news.txt' mode='r' encoding='cp936'>
```

输出的结果是对象信息，包含了文件名、打开模式和编码格式。

在上例中，每一次调用完 open() 方法，都需要用 close() 方法将文件关闭，这样可以

避免一些不必要的冲突和错误出现，也能起到节约内存的作用。

2. 读写文件内容

在打开文件后，需要对文件内容进行读取和写入等操作，文件内容相关的读写方法如下：

- myfile.read()：将从文件指针位置开始到文件末尾的内容作为一个字符串返回。
- myfile.read(n)：将从文件指针位置开始的 n 个字符作为一个字符串返回。
- myfile.readline()：将从文件指针位置开始到下一个换行符号的内容作为一个字符串返回，读取内容包含换行符号。
- myfile.readlines()：将从文件指针位置开始到文件末尾的内容作为一个列表返回，每一行的内容作为一个列表元素。
- myfile.write(string)：在文件指针位置写入字符串，返回写入的字符个数。
- myfile.writelines(list)：将列表中的数据合为一个字符串写入到文件指针位置，返回写入的字符个数。
- myfile.seek(n)：将文件指针移动到第 n + 1 个字节，0 表示指向文件开头的第 1 个字节。
- myfile.tell()：返回文件指针的当前位置。

需要注意的是，上面的各种读写方法，并不是打开文件后都可以任意使用，而是需要结合文件读写 (mode) 模式。例如，read() 方法只能在可读的情况下使用，而不能在只写而不可读的情况下使用，write() 方法则只能在可写的情况下使用。下面分别对各种读写方法进行说明。

1) 文件读写模式

在使用 open() 方法打开文件时，有一个参数 mode，表示文件读写模式，最常用的有 w(只写) 模式、r(只读) 模式、a(只追加) 模式，默认为只读模式。具体说明如下：

(1) 通过 r(只读) 模式打开文件，只能使用 read() 方法读取文件内容，而不能使用 write() 方法对内容进行写入或修改。

(2) 通过 w(只写) 模式或 a(只追加) 模式打开文件，只能使用 write() 方法将内容写入文件中，而不能使用 read() 方法读取文件内容。w 模式和 a 模式的区别是：w 模式是从文件光标所在处写入内容，如果原文件中有内容，则新写入内容会覆盖之前内容；a 模式是从文件末尾处追加内容，不会覆盖原有内容。

(3) 在文件读写模式中，有既可以写也可以读的打开模式，如 r+、w+ 等。

具体的文件读写模式及其描述如表 6-2 所示。

表 6-2　文件读写模式及其描述

模式	描　　　　　述	举　　例
r	以只读模式打开一个文件，在文件开头放置指针	open('test.txt','r')
rb	以二进制格式、只读模式打开一个文件，在文件开头放置指针	open('test.txt','rb')
r+	以读写模式打开一个文件，在文件开头放置指针，如果该文件不存在，则报错	open('test.txt','r+')
rb+	以二进制格式、读写模式打开一个文件，在文件开头放置指针	open('test.txt','rb+')
w	以只写模式打开文件，如果该文件已存在，则将其覆盖；如果该文件不存在，则创建新文件	open('test.txt','w')

续表

模式	描述	举例
wb	以二进制格式、只写模式打开一个文件，如果该文件已存在，则将其覆盖；如果该文件不存在，则创建新文件	open('test.txt','wb')
w+	以读写模式打开一个文件，如果该文件已存在，则将其覆盖；如果该文件不存在，则创建新文件	open('test.txt','w+')
wb+	以二进制格式、读写模式打开一个文件，如果该文件已存在，则将其覆盖；如果该文件不存在，则创建新文件	open('test.txt','wb+')
a	以追加模式打开一个文件，如果该文件已存在，则在文件结尾放置指针，即新内容被写入到已有内容之后；如果该文件不存在，则创建新文件	open('test.txt','a')
ab	以二进制格式、追加模式打开一个文件，如果该文件已存在，则在文件结尾放置指针，即新内容被写入到已有内容之后；如果该文件不存在，则创建新文件	open('test.txt','ab')
a+	以读写模式打开一个文件，如果该文件已存在，读取时，在文件开头放置指针，写入时，在文件结尾放置指针；如果该文件不存在，则创建新文件	open('test.txt','a+')
ab+	以二进制格式、追加模式打开一个文件，如果该文件已存在，则在文件结尾放置指针；如果该文件不存在，则创建新文件	open('test.txt','ab+')

打开文件后，Python 用一个文件指针记录当前的读写位置，以 w 或 a 模式打开文件时，文件指针指向文件末尾，当以 r 模式打开文件时，文件指针指向文件开头。Python 始终在文件指针的位置读写数据，读取或写入一个数据后，根据数据长度，向后移动文件指针。

read() 方法是读取整个文件的内容并返回，返回类型是字符串类型；write() 方法是写入方法，接收字符串类型的数据作为参数，将内容写入已经用可写模式打开的文件中。

【例 6-2】 利用 write() 写入文件内容。例如，在工作目录"D:\python\ch06"编写一个名为 test2.py 的程序，实现在 news.txt 文件中写入内容"本市明天早上有雨"。

实现思路：接着例 6-1 的内容，首先用 open() 方法打开 news.txt 文件，读写模式为 w(只写)；使用 write() 方法将内容写入，再用 close() 方法关闭文件。

程序如下：

```
myfile=open("news.txt","w")            # 通过 w 模式打开 news.txt 文件
myfile.write(" 本市明天早上有雨 ")       # 写入内容
myfile.close()                         # 关闭文件
```

程序运行后，我们可以手动打开 news.txt 文件，验证内容是否已经写入。

【例 6-3】 利用 read() 方法读出文件内容。例如，在工作目录"D:\python\ch06"下编写一个名为 test3.py 的程序实现读出 news.txt 文件内容。

实现思路：用 open() 方法打开 news.txt 文件，读写模式为 r(只读)，使用 read() 方法将内容读取并输出，再用 close() 方法关闭文件。

程序如下：

myfile=open("news.txt","r")	# 通过 r 模式打开 news.txt 文件
print(myfile.read())	# 查看读取内容
myfile.close()	# 关闭文件

程序输出结果：

本市明天早上有雨

【例 6-4】 追加文件内容。例如，在工作目录 "D:\python\ch06" 下编写一个名为 test4.py 的程序，实现在 news.txt 文件的原内容后添加上 "作者：叶子"。

实现思路：用 open() 方法打开 news.txt 文件，读写模式为 a(只追加)；使用 write() 方法将内容追加写入到最后，再用 close() 方法关闭文件。

程序如下：

myfile=open("news.txt","a")	# 通过 a 模式打开 news.txt 文件
myfile.write("\r 作者：叶子 ")	# 为了美观插入一个换行符用 "\r"
myfile.close()	# 关闭文件
myfile=open("news.txt","r")	# 通过 r 模式打开 news.txt 文件
print(myfile.read())	# 查看读取内容
myfile.close()	# 关闭文件

程序输出结果：

本市明天早上有雨

作者：叶子

文本文件处理 2

2) 文件读写位置

在使用记事本编辑文件时，都会有一个光标，表示目前需要在哪个位置进行编辑。在 Python 对文件内容的读写过程中，也提供一种类似的功能，使用 seek() 方法来定位文件的读写位置。seek() 方法有两个参数，第一个参数是偏移量，表示光标移动几个字符，第二个参数是定位，0 表示从文件开头开始，1 表示从当前位置开始，2 表示从文件末尾开始，默认是 0。

【例 6-5】 在文件指定位置添加内容。例如，在工作目录 "D:\python\ch06" 下编写一个名为 test5.py 的程序，实现在 news.txt 文件的开头添加 "标题，天气情况预报"。

实现思路：用 seek() 方法移动光标到文件开始位置；需要先将文件原有的内容读出并保存到某一变量，然后再移动光标到指定位置，利用 r+(可读写) 模式写入内容覆盖的特点，重新写入内容。

程序如下：

myfile=open("news.txt","r+")	#r+ 为既可读也可写模式
content=myfile.read()	# 读出之前的内容存到 content 变量中，并将光标
	# 移动到内容的末尾
myfile.seek(0,0)	# 移动光标到最前头
myfile.write(" 标题，天气情况预报 \r"+content)	# 写入内容
myfile.close()	

```
myfile=open("news.txt","r+")        # r+ 为既可读也可写模式
print(myfile.read())                 # 查看内容
myfile.close()                       # 关闭文件
```

程序输出结果：

标题，天气情况预报

本市明天早上有雨

作者：叶子

在例 6-5 中，myfile.read() 方法不仅仅是读取内容，同时会将光标移动到内容的结尾，而myfile.write() 方法是从光标处开始写入内容，并具有覆盖的特点。所以在使用 myfile.write() 方法之前需要先将原有内容记录下来，并将光标移动到文件开头，才能顺利完成要求。

3）行读取文件

前面介绍的 read() 方法可以实现一次性将文件内容返回，返回类型为字符串类型，另外，还有行读取的方法，即将每一行当成一个单位字符串返回。

行读取有两种方法：readline() 和 readlines()。readline() 方法用于在文件中读取单独一整行，从文件指针的位置向后读取，直到遇到换行符结束，返回类型为字符串类型，当遇到比较大的文件时，可以用这种方法来避免内存不足的问题；readlines() 方法读取文件的所有行，可以用循环遍历的方式逐行读取，返回类型是列表类型。

【例 6-6】 使用行读取文件方法读出文件内容。例如，在工作目录"D:\python\ch06"下编写一个名为 test6.py 的程序，要求使用行读取的两种方法分别读出 news.txt 文件内容。

实现思路：用 open() 打开 news.txt 文件，读写模式为 r(只读)；使用 while 循环结合readline() 方法按行读取，直到没有下一行为止；再使用 readlines() 方法读取文件内容，然后使用 for 循环遍历打印输出。

程序如下：

```
myfile=open("news.txt","r")
line=myfile.readline()
while line:
    print(line)
    line=myfile.readline()
myfile.close()
myfile=open("news.txt","r")
for line2 in myfile.readlines():
    print("readlines() 方法 :"+line2)
myfile.close()
```

程序输出结果：

标题，天气情况预报

本市明天早上有雨

作者：叶子

readlines() 方法 : 标题，天气情况预报

readlines() 方法：本市明天早上有雨

readlines() 方法：作者：叶子

从输出结果可以看出，readline() 方法和 readlines() 方法都输出了文件的内容。其中 readlines() 方法将每一行内容作为一个字符串，存储在整个列表中，再通过遍历列表，把每一行内容打印输出。

4) 文件编码格式

文件内容由英文、中文等语言符号组成，在文件读取过程中，如果和文件编码格式不符，则很可能报错打不开。在 Python 中，常见的编码格式有 ASCII 码、Unicode、GBK、UTF-8 等。

· ASCII 码：ASCII 码使用 1 个字节存储英文或字符，主要是英文等欧洲国家的语言符号。

· Unicode：使用 2 个字节来存储字符，包括除英文外很多其他国家的语言符号。

· GBK：汉字内码扩展规范，将汉字对应成一个数字编码。

· UTF-8：是 Unicode 的实现方式之一，对中文友好。

常用的支持中文的编码有 UTF-8 和 GBK，在出现中文字符的编码格式错误的时候，可以尝试用这两种方式打开。在打开文件时，使用 encoding 参数指定编码格式。

【例 6-7】 使用不同的编码格式打开文件。例如，在工作目录"D:\python\ch06"下编写一个名为 test7.py 的程序，要求使用 ASCII 编码格式打开 news.txt 文件。

程序如下：

```
myfile=open("news.txt","r"， encoding="ascii")
print(myfile.read())
file.close()
```

程序输出结果：

```
UnicodeDecodeError: 'ascii' codec can't decode byte 0xb1 in position 0: ordinal not in range(128)
```

由此可以看出，使用 ASCII 编码格式无法读取该文件，但是使用默认编码格式或者对中文友好的 GBK 编码格式打开，则可以正常读取内容。

3. with 语句

一般情况下，在打开文件并操作完成后，都应将文件关闭，这样既能避免文件 I/O 的冲突，也能节省内存的使用，但有时候会忘记或认为比较麻烦而没有关闭打开的文件。Python 提供了 with 语句来解决这个问题，在 with 语句下对文件操作，可以不用执行 close() 方法关闭打开的文件，with 语句会自动关闭。因为 with 语句有以下两个主要作用：

(1) 解决异常退出时的资源释放问题。

(2) 解决用户忘记调用 close() 方法而产生的资源泄漏问题。

使用 with 语句的基本格式如下：

```
with open(filename[,mode]) as myfile:
    ...
```

其中，myfile 为引用文件对象的变量，不能与其他变量或者关键字冲突。

【例 6-8】　with 语句的使用。例如，在工作目录"D:\python\ch06"下编写一个名为 test8.py 的程序，要求用 with 语句打开 news.txt 文件。

程序如下：

```
with open("news.txt","r") as myfile:
    print(myfile.read())
print(myfile.read())
```

程序输出结果：

标题，天气情况预报

本市明天早上有雨

作者：叶子

ValueError: I/O operation on closed file.

从输出的结果中可以看出，利用 with 语句打开了文件并且读取了文件中的内容，然后在 with 语句之外调用 read() 方法时程序报错，提示无法读取已经关闭了的文件。由此可见，虽然上述代码没有调用 close() 方法，却也将文件关闭了。因此打开文件操作也可以使用 with 语句来进行。

4. 用文件存储对象

用文本文件直接存储 Python 中的各种对象，通常需要进行繁琐的转换，但可以使用 Python 标准模块 pickle 处理文件中对象的读写，即通过 pickle 模块可以序列化对象并保存到磁盘中，并在需要的时候读取出来。Python 中几乎所有的数据类型 (如列表、字典、集合、类等) 都可以用 pickle 模块来序列化。但 pickle 序列化后的数据可读性差，一般无法识别。

pickle 模块中最常用的方法有：

```
pickle.dump(obj, myfile, [, protocol])
```

该方法的功能：将 obj 对象序列化存入已经打开的 myfile 中。其中，obj 是想要序列化的对象，myfile 为引用文件对象的变量，protocol 是序列化使用的协议，如果该项省略，则默认为 0，表示以文本的形式序列化，还可以是 1 或 2，表示以二进制的形式序列化。

```
pickle.load(myfile)
```

该方法的功能：将 myfile 中的对象序列化读出。

【例 6-9】　使用 pickle 模块读写文件。例如，在工作目录"D:\python\ch06"下编写一个名为 test9.py 的程序，实现使用 pickle 模块写入列表和字典内容到文件中，并把文件内容打印输出。

程序如下：

```
x=[1,2,'abc']                                    # 创建列表对象
y={'name':'John','age':20}                       # 创建字典对象
with open(r'D:\python\ch06\objdata.bin','wb') as myfile:   # 用 wb 模式打开文件
    import pickle                                # 导入 pickle 模块
    pickle.dump(x,myfile)                        # 将列表写入文件
    pickle.dump(y,myfile)                        # 将字典写入文件
```

```
with open(r'D:\python\ch06\objdata.bin','rb') as myfile:   # 用 rb 模式再次打开文件
    print(myfile.read())                                   # 用 read() 方法读取文件中全部内容，并打印
    myfile.seek(0,0)                                        # 把文件指针移回到开始位置
    x1=pickle.load(myfile)                                 # 从文件中读取对象
    x2=pickle.load(myfile)                                 # 从文件中读取对象
    print(x1)                                              # 打印读取内容
    print(x2)                                              # 打印读取内容
```

程序输出结果：

b'\x80\x04\x95\x0f\x00\x00\x00\x00\x00\x00\x00]\x94(K\x01K\x02\x8c\x03abc\x94e.\x80\x04\x95\x1b\x00\x00\x00\x00\x00\x00\x00\x00}\x94(\x8c\x04name\x94\x8c\x04John\x94\x8c\x03age\x94K\x14u.'

[1, 2, 'abc']

{'name': 'John, 'age': 20}

　　用文件来存储程序中的各种对象称为对象的序列化，序列化操作可以保存程序运行中的各种数据。

三、CSV 文件的处理

　　在上一节中，学习了 txt 文件的处理方式，但是在真实的开发过程中，只使用 txt 文件的操作是远远不足够的，其他一些重要的数据文件　　CSV 格式文件处理也必须了解。下面继续介绍 Python 数据分析过程中最常用的一种数据文件：CSV 文件。

1. 对 CSV 文件的认识

　　CSV 是 Comma-Separated Values 的英文缩写，即逗号分隔值。CSV 文件的内容格式与数据库表格格式很像，是用逗号隔开的结构化数据。在数据分析中，许多原始数据就是以这种格式保存的。例如，下面的内容是一个典型的 CSV 文件内容：

姓名，年龄，爱好

叶子，20，篮球

张三，22，足球

李四，21，音乐

　　我们可以用 Windows 记事本或 Excel 创建、打开、查看和编辑 CSV 文件中的数据。以下示例通过 Excel 创建以上内容的 CSV 文件，并用 Windows 记事本打开。

　　(1) 先用 Excel 创建一个电子表格，如图 6-1 所示。

◢	A	B	C	D
1	姓名	年龄	爱好	
2	叶子	20	篮球	
3	张三	22	足球	
4	李四	21	音乐	
5				

图 6-1　Excel 中的表格

　　(2) 单击 Excel 的"文件"菜单，选取"另存为"选项，在"文件名"中输入"interest"以及在"保存类型"中找到"CSV(逗号分隔)(*.csv)"，将 interest.csv 保存在工作目录"D:\python\

ch06"内，如图 6-2 所示。

(3) 单击"保存"按钮后弹出图 6-3 所示的提示信息，这时单击"是 (Y)"按钮即可。

(4) 打开工作目录"D:\python\ch06"，可以看到创建好的 CSV 文件。用记事本打开该文件，对应的 CSV 文件内容如图 6-4 所示。

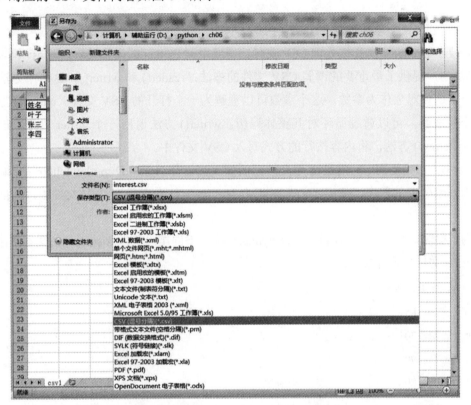

图 6-2　保存 Excel 文件名为 interest 以及文件扩展名为 .csv

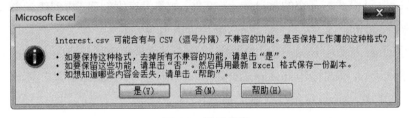

图 6-3　提示信息

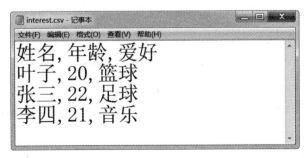

图 6-4　CSV 文件内容

由此可以看出，CSV 文件中只保留了值，而没有保留 Excel 的格式，也就是说，CSV 文件也是文本文件。另外，CSV 文件通常由多条记录组成，第一行通常为记录的各个字段名称，第二行开始为数据记录，每条记录包含相同的字段，字段之间用分隔符分隔。

2. 操作 CSV 文件中的数据

若要在 Python 中操作或处理 CSV 文件，需要用到 Python 的内置模块，即 csv 模块。在 csv 模块中，提供了最重要的读写 CSV 文件的方法：reader() 和 writer()，这两个方法都接受一个可迭代对象作为参数，这个参数可以理解为一个打开的 CSV 文件。reader() 方法返回一个生成器，可以通过循环对其整体遍历。writer() 方法返回一个 writer 对象，该对象提供 writerow() 方法，将内容按行的方式写入 CSV 文件中。

【例 6-10】　使用 csv 模块读写文件。例如，在工作目录 "D:\python\ch06" 下编写一个名为 test10.py 的程序，使用 csv 模块将 student.txt 文件内容写到 CSV 文件中，并把内容输出。

为了实现本例，先在工作目录 "D:\python\ch06" 下创建一个名为 student 的文本文件，即 student.txt 文件，内容如下：

```
姓名，年龄，成绩
叶子，20，85
张三，22，70
李四，21，90
王五，20，80
```

实现思路：

(1) 用只写 (w) 模式打开空的 student.csv 文件，如果没有则创建，再创建一个 writer 对象。

(2) 打开 student.txt 文件，并按行循环遍历读取内容。

(3) 利用 writer 对象的 writerow() 方法把 student.txt 文件内容按行写入 student.csv 文件中。

(4) 再用只读 (r) 模式打开 student.csv 文件，再创建一个 reader 对象。

(5) 通过循环对 reader 对象进行遍历输出。

程序如下：

```
import csv                                                    # 导入 csv 模块
# 新建 CSV 文件，并进行写操作
with open("student.csv","w",encoding="utf-8",newline="") as csvfile:  # 以 w 模式打开 student.csv 文件
    writer=csv.writer(csvfile)                               # 创建一个 writer 对象
    with open("student.txt","r") as myfile:                 # 打开 student.txt 文件
        for line in myfile.readlines():
            line_list=line.strip("\n").split("，")            # 将内容转换为列表，去除换行符
```

```
                writer.writerow(line_list)                          # 将内容按行写入
    # 读操作
    with open("student.csv","r",encoding="utf-8") as csvfile:       # 以 r 模式打开 student.csv 文件
        reader=csv.reader(csvfile)                                  # 创建一个可迭代 reader 对象
        for row in reader:
            print(row)                                              # 将内容读出
```

程序输出结果：

[' 姓名 年龄 成绩 ']

[' 叶子 20 85']

[' 张三 22 70']

[' 李四 21 90']

[' 王五 20 80']

同时，在工作目录"D:\python\ch06"中多了一个 student.csv 文件，可以用记事本打开查看。

需要注意的是，如果调用 open() 方法时没有传入 newline="" 参数，则在将内容写入 CSV 文件中时，会有空格行出现。

四、路径和文件操作

路径和文件操作

操作系统组织文件的方式是采用倒立树形结构，从根目录 (各盘符) 开始存放文件，亦可以创建若干一级子目录，各一级子目录下又可以存放文件或创建二级子目录，如此反复，目录的深度可以在操作系统限定的范围内 (如 256 级) 任意扩展。

一个文件有两个属性：文件名和路径。路径指明了文件在计算机中存储的位置，它由目录及目录分隔符组成。例如，Windows 系统下的"D:\python\ch06\test1.py"路径指明了文件 test1.py 的位置，它位于工作目录"D:\python\ch06"下，路径"D:\"是根目录，"python"和"ch06"均为目录，Windows 系统下目录分隔符为"\"，目录下可以包含文件和其他目录。另外，文件的扩展名为".py"，说明它是一个 py 源程序文件。

在 Python 中，能对路径和文件操作的模块较多，本节主要介绍常用的 3 个模块：os 模块、glob 模块和 shutil 模块。

1. os 模块

os 模块是 Python 标准库中的一个用于访问操作系统的模块，其功能包括复制、创建、修改、删除文件及文件夹，设置用户权限等。本小节简述 os 模块常用方法及其功能，使用 os 模块中的 mkdir() 方法创建目录，使用 path 子模块中的 exists() 方法判断一个目录是否存在。os 模块中常用的方法如表 6-3 所示。

表 6-3　os 模块中常用的方法

功　能	方　法	描　述
查看当前使用的系统	os.name	返回当前使用系统的代表字符，Windows 用 'nt' 表示，Linux 用 'posix' 表示
查看当前路径和文件	os.getcwd()	返回当前工作目录
	os.listdir(path)	返回 path 目录下所有文件列表
查看绝对路径	os.path.abspath(path)	返回 path 的绝对路径
运行系统命令	os.system()	运行 shell 命令
查看文件名或目录	os.path.split(path)	将 path 中的目录和文件名分开为元组
	os.path.join(path1,path2,…)	将 path1，path2，…进行组合，若 path2 为绝对路径，则会将 path1 删除
	os.path.dirname(path)	返回 path 中的目录（文件夹部分），结果不包含 '\'
	os.path.basename(path)	返回 path 中的文件名
创建目录	os.mkdir(path)	创建 path 目录（只能创建一级目录，如"D:\xxx\www"），在 xxx 目录下创建 www 目录
	os.makedirs(path)	创建多级目录（如"D:\xxx\sss"），在 D 盘下创建 xxx 目录，继续在 xxx 目录下创建 sss 目录
删除文件或目录	os.remove(path)	删除文件（必须是文件）
	os.rmdir(path)	删除 path 目录（只能删除一级目录，如"D:\xxx\sss"）只能删除 sss 目录
	os.removedirs(path)	删除多级目录（如"D:\xxx\sss"），删除 sss 和 xxx 两级目录
查看文件大小	os.path.getsize(path)	返回文件的大小，若是目录则返回 0
改变目录	os.chdir(path)	用于改变当前工作目录到指定的 path 路径
查看文件	os.path.exists(path)	判断 path 是否存在，存在，返回 True；不存在，返回 False
	os.path.isfile(path)	判断 path 是否为文件，是，返回 True；不是，返回 False
	os.path.isdir(path)	判断 path 是否为目录，是，返回 True；不是，返回 False

【例 6-11】　使用 os 模块创建目录并在目录下创建文件。例如，在工作目录"D:\python\ch06"下编写一个名为 test11.py 的程序，要求使用 os 模块创建工作目录"D:\python\ch06\学生数据"，并在本目录下创建一个文件 myfile.txt，其中的内容为"Hello Python"。

实现思路：首先确认是否有目标路径，如果没有则创建。

程序如下：

```
import os                              # 导入 os 模块
mypath="D:\python\ch06\学生数据 "      # 确定路径
if not os.path.exists(mypath):         # 判断路径是否存在
```

```
        os.mkdir(mypath)                           # 创建路径
    os.chdir(mypath)                               # 改变当前工作目录到"D:\python\ch06\ 学生数据"
    myfile=open("myfile.txt","w")                  # 打开文件
    myfile.write("Hello Python")                   # 向文件写入内容
    myfile.close()                                 # 关闭文件
```

代码运行成功之后，通过 Windows 文档管理器查看，可以发现路径"D:\python\ch06\ 学生数据"已经被创建，并且有一个 myfile.txt 文件，其中的内容为"Hello Python"。

2. glob 模块

利用 os 模块可以完成绝大部分对文件及路径的操作，但有时需要在一个文件夹下查找某个类型的文件，利用 os 模块会比较难实现。glob 模块提供了一个很好的方法来查找某个类型的文件，它接受一个路径作为参数，返回所有匹配到的文件列表，并且 glob 方法提供模糊匹配的方式，可以查找到自己想要类型的文件。例如，查找路径"D:\"下的所有扩展名为 .txt 的文件，只需要写下语句"glob. glob(D:*.txt)"，就会找到路径"D:\"下的所有文本文件，并以列表的形式返回，这里的"*"是一个通配符，可以匹配 0 个或者多个字符。通过这种方式可以匹配到所有扩展名为 .txt 的文件，另外，glob.glob() 方法返回的是列表。

【例 6-12】　使用 glob 模块查找文件路径。例如，在工作目录"D:\python\ch06"下编写一个名为 test12.py 的程序，使用 glob 模块查找当前工作目录下扩展名为 .txt 的文件。

程序如下：

```
import glob                                        # 导入 glob 模块
path="D: \*\ch06\"                                 # 第一级目录忘记了，用 * 模糊匹配
for i in glob.glob(path+"*"):                      # 输出该目录下所有的文件，用 * 模糊匹配
    print(i)
print(glob.glob(path+"*.txt"))                     # 输出目录下扩展名为 .txt 的文件
```

3. shutil 模块

shutil 模块是对 os 模块中文件操作的进一步补充，是 Python 自带的关于文件、文件夹、压缩文件的高层次操作工具。shutil 模块中提供了文件复制的方法 copy() 和文件移动的方法 move()，它们都带有两个参数：第一个参数是原文件路径；第二个参数是目的文件路径。

【例 6-13】　使用 shutil 模块对文件进行移动和复制。例如，在工作目录"D:\python\ch06"下编写一个名为 test13.py 的程序，使用 shutil 模块将工作目录中的 student.txt 文件移动和 news.txt 文件复制到指定文件夹中。

实现思路：首先用 os.mkdir 方法在同一工作目录"D:\python\ch06"下创建"move 文件夹"和"copy 文件夹"。接着用 shutil.copy() 方法将 news.txt 文件复制粘贴到"copy 文件夹"路径下，再用 shutil.move() 方法将 student.txt 文件剪切粘贴到"move 文件夹"路径下，最后，使用 glob.glob() 方法显示目录文件。

程序如下：

```
import shutil                                      # 导入 shutil 模块
```

```
import os                                              # 导入 os 模块
import glob                                            # 导入 glob 模块
path="D: \python\ch06\"                                # 确定路径
os.mkdir(path+"move 文件夹 \")                          # 创建 move 文件夹
os.mkdir(path+"copy 文件夹 \")                          # 创建 copy 文件夹
shutil.move(path+"student.txt",path+"move 文件夹 \student.txt")    # 剪切粘贴 student.txt 文件
shutil.copy(path+"news.txt",path+"copy 文件夹 \news.txt")          # 复制粘贴 news.txt 文件
for file in glob.glob(path+"*\*"):                     # 显示目录文件
    print(file)
```

程序输出结果：

D: \python\ch06\copy 文件夹 \news.txt

D: \python\ch06\move 文件夹 \student.txt

▼ **任务实现**

解题思路：

(1) 使用列表存入字典内容。

(2) 通过 wb 模式打开保存用户数据的文件内容。

(3) 因为写入的内容较复杂，使用 pickle.dump() 方法实现序列化写入。

(4) 通过 rb 模式打开读取文件内容。

(5) 输入用户 ID 和密码与文件内容比较进行验证。

(6) 如果通过身份验证，则输出"恭喜你通过了身份验证，正进入系统"，并进入党员信息管理系统。

程序如下：

```
'''
用文件存储用户的 ID 和密码，每个用户的数据为一个字典对象
使用列表保存所有用户的数据。
'''
users=[]                                               # 创建一个空列表
users.append({'id':'admin','pwd':'123'})               # 添加用户数据
users.append({'id':'guest','pwd':'111'})
users.append({'id':'python','pwd':'222'})
with open(r'D: \python\ch06\serdata.bin','wb') as myfile:    # 用 wb 模式打开保存用户数据的文件
    import pickle                                       # 导入 pickle 模块
    pickle.dump(users,myfile)                           # 将用户数据写入文件
print(" 账户信息已经写入文件 D:\python\ch06\serdata.bin")
with open(r'D: \python\ch06\serdata.bin','rb') as myfile:    # 用 rb 模式打开保存用户数据的文件
    data=pickle.load(myfile)                            # 读取文件中的数据
```

```
while True:
    id=input(' 请输入用户 ID：')
    if id=="#":
        print(" 你已退出程序 ")
        break
    idok=False
    temp="
    for user in data:
        if id==user['id']:
            idok=True
            temp=user
            break
    if not idok:
        print(" 用户 ID 错误 ")
        continue
    pwd=input(' 请输入密码：')
    if pwd=="#":
        print(" 你已退出程序 ")
        break
    if pwd!=temp['pwd']:
        print(" 密码出错 ")
    else:
        print(" 恭喜你通过了身份验证，正进入系统 ")
        import 党员信息管理系统      # 通过身份验证后才能调用党员信息管理系统，需要把前面
                                # 章节编写好的党员信息管理系统与本程序放在同一目录中
        break
```

程序输出结果如图 6-5 所示。

```
账户信息已经写入文件D:\python\ch06\serdata.bin
请输入用户ID：aaa
用户ID错误
请输入用户ID：admin
请输入密码：123
恭喜你通过了身份验证，正进入系统
====================
党员信息管理系统V0.1
1.显示党员信息
2.添加党员信息
3.退出系统
====================
请输入要执行的操作（填写数字）：
```

图 6-5　添加登录验证的党员信息管理系统

任务二 优化党员信息管理系统

课程思政

▼ 任务描述

前面章节编写了党员信息管理系统，并增加了系统登录验证功能，系统的安全性有了，但系统运行时的稳定性也是开发者不能忽略的。本次的任务是优化党员信息管理系统，让程序更加健壮，利用异常处理机制预防程序运行过程中出现的各种未知异常，避免程序崩溃，提供给用户友好的使用体验。

▼ 相关知识

错误与异常

一、错误与异常

1. 语法错误

语法错误也称为解析错误，是学习 Python 过程中最常见的。下面的代码中 print() 函数有拼写错误：

```
>>>printf(hello,world)
Traceback (most recent call last):
File "<pyshell#0>", line 1,in <module>
    printf(hello,world)
NameError: name 'printf' is not defined
```

语法分析器指出错误行为第一行，因为 printf 多了一个"f"。错误会输出文件名和行号，所以就知道去哪里检查错误了。这类错误需要编程者自己不断提高编辑和编程水平来减少发生的频率，而不能指望 Python 系统帮助解决。

2. 异常

即使一条语句或表达式在语法上是正确的，但当试图执行它时也可能会引发错误。运行时检测到的错误即为异常。

异常是在程序运行过程中发生的非正常事件，这类事件可能是程序本身的设计错误，也可能是外界环境发生了变化导致，如网络连接不通、算术运算出错、遍历列表超出范围、导入的模块不存在等，异常会中断正在运行的程序。

【例 6-14】 编写一个计算学生平均成绩功能的函数程序。

程序如下：

```
def funave(s=[],n=[]):
    ave=sum(s)/(len(n)-1)
```

```
        print(" 平均分是：",ave)
score=[]
member=1
while(member!=0):
        member=int(input(' 请输入学生成绩 (0 为结束 )：'))
        score.append(member)
name=[]
member=""
while(member!="#"):
        member=input(' 请输入学生姓名 (# 为结束 )：')
        name.append(member)
funave(score,name)
```

运行程序没有出错，当根据提示输入如下内容时：

请输入学生成绩 (0 为结束)：80
请输入学生成绩 (0 为结束)：70
请输入学生成绩 (0 为结束)：0
请输入学生姓名 (# 为结束)：#

程序输出结果：

ZeroDivisionError: division by zero

从结果可以看出，代码运行出现了异常，程序抛出了一个 **ZeroDivisionError** 的错误信息。具体原因是输入数据时粗心，在输入学生姓名项没有输入学生姓名，直接输入"#"退出输入，导致 funave() 函数中的 n 参数只存有 # 这一个参数，当运行到 ave=sum(s)/(len(n)-1) 语句时，(len(n)-1) 等于 0，在除法运算中，除数为 0 导致异常发生，最终导致程序终止。

3. 常见异常

异常发生时打印的异常类型说明字符串就是 Python 内置异常的名称。标准异常的名称都是内置的标识符 (不是保留关键字)。表 6-4 列出了常见的异常。

表 6-4　常见的异常

异常的名称	描　　述
BaseException	所有异常的基类
KeyboardInterrupt	用户中断执行
Exception	常规错误的基类
ArithmeticError	所有数值计算错误的基类
FloatingPointError	浮点计算错误
OverflowError	数值运算超出最大限制
ZeroDivisionError	除 (取模) 零 (所有数据类型)
IOError	输入 / 输出操作失败
IndexError	序列中没有此索引 (index)

续表

异常的名称	描　　述
KeyError	映射中没有键
MemoryError	内存出错（对于 Python 解释器不是致命的）
NameError	未声明 / 初始化对象（没有属性）
SyntaxError	语法异常
ValueError	数据类型不一致异常

如表 6-4 所示，在 Python 中，不同原因导致的异常说明是不同的，在例 6-14 中，由于计算时除数为 0 导致的异常会输出 ZeroDivisionError 异常说明。下面举例介绍引发的常用异常。

1) NameError

当程序尝试访问一个未声明的变量或者函数时，会引发 NameError 异常，例如：

```
score= 80
print(socre)
```

程序输出结果：

```
NameError name 'socre' is not defined
```

由此可以看出，由于用户粗心将变量名 score 写成了 socre，使用时发现变量未被定义，程序抛出了 NameError 的异常。

2) ZeroDivisionError

在计算的过程中，当有除数为 0 的情况发生时，会引发 ZeroDivisionError 异常。例 6-14 中已经描述了这种异常。

3) SyntaxError

当程序出现语法错误时，会引发 SyntaxError 异常，例如：

```
list=['a','b','c']
for i in list
    print(i)
```

程序输出结果：

```
for i in list^
SyntaxError invalid synta
```

从输出结果可以看出，在 for 循环的最后没有加上冒号，导致了语法异常。

4) IndexError

当使用序列中不存在的索引时，会引发 IndexError 异常，例如：

```
list=['a','b','c']
print(list[3])
```

程序输出结果：

```
IndexError: list index out of range
```

从输出结果可以看出，列表的索引值超出了列表的范围，从而导致异常。

5) KeyError

当使用字典中不存在的键时，会引发 KeyError 异常，例如：

```
Dictionary={'name':'zhangsan'}
print(Dictionary['age'])
```

程序输出结果：

```
KeyError: 'age'
```

从输出结果可以看出，当出现字典中没有的键时，会抛出 KeyError 异常。

二、异常处理

异常处理

异常处理就像人们平时对可能遇到的意外情况预先想好了一些处理方法。若发生了异常，程序会按照预定的处理方法对异常进行处理，异常处理完毕后，程序继续运行。例如，一个程序要求用户输入年龄，显然程序期待的是一个数字，但如果用户输入了"ab"这样的字符值 (用户很容易输入类似的数据)，程序若没有处理异常的代码就会退出运行，提示用户发生了 ValueError 异常。程序这样轻易就崩溃，将会使用户非常恼火。合理的处理方式是，当异常发生时，程序要处理它，并提示用户输入正确格式的值。

1. 使用 try-except 处理异常

Python 提供了 try-except 结构的语句来进行异常的捕获和处理，把可能出现异常的代码放入 try 语句块中，并使用 except 语句块来处理异常。其语法基本格式如下：

```
try:
        语句块 1
except ErrorName1:
        语句块 2              # 如果语句块 1 触发 ErrorName1 这种异常，则运行语句块 2
except ErrorName2:
        语句块 3              # 如果语句块 1 触发了 ErrorName2 这种异常，则运行语句块 3
except:
        语句块 4              # 当语句块出现异常，但不是 ErrorName1 和 ErrorName2 这种异常，
                            # 而是其他异常时，运行语句块 4
else:
        语句块 5              # 如果语句块 1 运行正常，则运行语句块 5，否则不运行
```

主要关键字说明如下：

• try：执行可能会出错的语句，即这里的语句可能导致致命性错误，使程序无法继续执行下去。

• except：如果在 try 语句块中无法正确执行，那么就执行 except 语句块中的语句，这里可以是打印错误信息或者其他的可执行语句。

• else：如果 try 语句块可以正常执行，那么就执行 else 中的语句。

如果 try 语句块在执行过程中某一句代码发生异常，那么 try 语句块中该句代码之后

的代码都将被忽略。

当有多个 except ErrorName 语句块时，捕获异常的范围需要遵循"先小后大"的规则，例如，当先对 IndexError 做具体处理，再对其他异常做统一处理时，可以先写 except Index Error，再写 except。

【例 6-15】　编写一个使用 try-except 处理异常的程序，改进例 6-14 的程序，对在输入数据时粗心的工作做预防，也对可能发生异常的地方做补救，让程序不会因产生异常导致崩溃。

程序如下：

```
def funave(s=[],n=[]):
    try:
        ave=sum(s)/(len(n)-1)
        print(" 平均分是：",ave)
    except ZeroDivisionError:
        print(" 出现了被 0 除的情况，可能没输入学生姓名，请重新试试 ")
    else:
        print(" 运行成功 ")
score=[]
member=1
while (member!=0):
    member=int(input(' 请输入学生成绩 (0 为结束 )：'))
    score.append(member)
name=[]
member=""
while (member!="#"):
    member=input(' 请输入学生姓名 (# 为结束 )：')
    name.append(member)
funave(score,name)
```

运行程序没有出错，当根据提示输入如下内容时：

```
请输入学生成绩 (0 为结束 )：70
请输入学生成绩 (0 为结束 )：80
请输入学生成绩 (0 为结束 )：0
请输入学生姓名 (# 为结束 )：#
```

程序输出结果：

```
出现了被 0 除的情况，可能没输入学生姓名，请重新试试
```

对之前 funave () 函数进行了改进，以后忘记填写学生姓名，也不会导致程序崩溃了。

【例 6-16】　在例 6-15 所示程序的 funave() 函数中添加功能，要求在输出的结果中可以显示每一位同学高于或者低于平均分多少分。

程序如下：

```
def funave(s=[],n=[]):
    try:
        ave=sum(s)/(len(n)-1)
        print(" 平均分是：",ave)
        for i in range(len(s)):
            print("%s 比平均分相差 :%d"%(n[i],s[i]-ave))
    except ZeroDivisionError:
        print(" 出现了被 0 除的情况，可能没输入学生姓名，请重新试试 ")
    else:
        print(" 运行成功 ")
score=[]
member=1
while (member!=0):
    member=int(input(' 请输入学生成绩 (0 为结束 )：'))
    score.append(member)
name=[]
member=""
while (member!="#"):
    member=input(' 请输入学生姓名 (# 为结束 )：')
    name.append(member)
funave(score,name)
```

运行程序没有出错，当根据提示输入如下内容时：

请输入学生成绩 (0 为结束)：80
请输入学生成绩 (0 为结束)：70
请输入学生成绩 (0 为结束)： 0
请输入学生姓名 (# 为结束)：叶子
请输入学生姓名 (# 为结束)：#

程序输出结果：

IndexError: list index out of range

从输出结果可以发现，输入学生姓名一个，比输入成绩的两个数少了一个，则学生姓名列表比成绩列表少，导致对列表索引出界的异常出现。

【例 6-17】 改进例 6-16 所示程序，上例中只对除数是 0 的异常进行处理，没有对索引出界的异常进行处理，由于无法确定到底还会有哪种类型的异常出现，在本例中使用 BaseException(所有异常的基类) 来对除了 ZeroDivisionError 之外的所有异常做统一处理。

程序如下：

```
def funave(s=[],n=[]):
    try:
        ave=sum(s)/(len(n)-1)
```

```
            print(" 平均分是：",ave)
            for i in range(len(s)):
                print("%s 比平均分相差 :%d"%(n[i],s[i]-ave))
        except ZeroDivisionError:
            print(" 出现了被 0 除的情况，可能没输入学生姓名，请重新试试 ")
        except BaseException as e:    # e 是一个实例对象
            print(" 出现了索引值超出了列表的范围异常，请仔细检查 "%e)
        else:
            print(" 运行成功 ")
score=[]
member=1
while(member!=0):
    member=int(input(' 请输入学生成绩 (0 为结束 )： '))
    score.append(member)
name=[]
member=""
while(member!="#"):
    member=input(' 请输入学生姓名 (# 为结束 )： ')
    name.append(member)
funave(score,name)
```

运行程序没有出错，当根据提示输入如下内容时：

```
请输入学生成绩 (0 为结束 )：80
请输入学生成绩 (0 为结束 )：70
请输入学生成绩 (0 为结束 )：0
请输入学生姓名 (# 为结束 )：叶子
请输入学生姓名 (# 为结束 )：#
```

程序输出结果：

```
平均分是：150.0
叶子比平均分相差 :-70
# 比平均分相差 :-80
出现了索引值超出了列表的范围异常，请仔细检查
```

从输出结果可以发现，虽然平均分计算是有误的，也提示了异常出现，但是程序最终没有崩溃。

2. 使用 try-except-finally 处理异常

在 Python 中，还有一种处理异常的语句，它是 try-except 语句的一个扩展，这就是 try-except-finally 语句。其语法基本格式如下：

```
try:
    语句块 1
```

```
except:
    语句块 2          # 如果语句块 1 发生异常，运行语句块 2，中间可以有多个 except ErrorName
else:
    语句块 3          # 如果语句块 1 运行正常，则运行语句块 3，否则不运行
finally:
    语句块 4          # 无论语句块 1、2、3 运行与否，语句块 4 都运行
```

从语法基本格式中可以看出，与 try-except 语句的区别就是多了 finally 语句块，我们可以理解成无论之前 try-except 中有什么内容，finally 中的内容都会被执行。

【例 6-18】 在例 6-17 所示程序的 funave() 函数中添加功能，要求无论输入什么内容，都能输出时间。

程序如下：

```
import datetime
def funave(s=[],n=[]):
    try:
        ave=sum(s)/(len(n)-1)
        print(" 平均分是：",ave)
        for i in range(len(s)):
            print("%s 比平均分相差 :%d"%(n[i],s[i]-ave))
    except ZeroDivisionError:
        print(" 出现了被 0 除的情况，可能没输入学生姓名，请重新试试 ")
    except BaseException as e:    # e 是一个实例对象
        print(" 出现了索引值超出了列表的范围异常，请仔细检查 "%e)
    else:
        print(" 运行成功 ")
    finally:
        print(" 现在的时间是：%s"%datetime.datetime.today())
score=[]
member=1
while(member!=0):
    member=int(input(' 请输入学生成绩 (0 为结束 )：'))
    score.append(member)
name=[]
member=""
while(member!="#"):
    member=input(' 请输入学生姓名 (# 为结束 )：')
    name.append(member)
funave(score,name)
```

运行程序没有出错，当根据提示输入如下内容时：

请输入学生成绩 (0 为结束)：80

请输入学生成绩 (0 为结束)：70

请输入学生成绩 (0 为结束)：0

请输入学生姓名 (# 为结束)：叶子

请输入学生姓名 (# 为结束)：#

程序输出结果：

平均分是：159.0

叶子比平均分相差 :-79

比平均分相差 :-80

出现了索引值超出了列表的范围异常，请仔细检查

现在的时间是：2020-11-11 22:17:43.994844

从输出结果可以发现，无论 try 语句块是否出现异常，最终时间都会输出。try-except-finally 语句比较适合执行一些终止行为，如关闭文件、释放锁等。

本例引用了 datetime 模块，该模块是一个与日期和时间相关的常用模块，其中 datetime 中的 today() 方法返回的是当前计算机的时间。

3. 使用 raise 抛出异常

在 Python 中，当程序运行出现错误时就会引发异常，但是有时候，也需要在程序中主动抛出异常，执行这种操作可以使用 raise 语句。其语法基本格式如下：

```
raise 异常类名                    # 创建异常的实例对象，并引发异常
raise 异常类实例对象              # 引发异常类实例对象对应的异常
raise                            # 重新引发刚刚发生的异常
```

异常类名类似于 IndexError、ZeroDivisionError 等。

从语法中可以看出，raise 语句可以主动抛出各种类型的异常，也可以重新引发之前刚刚发生的异常。当使用 raise 抛出异常时，可以自定义描述信息，例如：

```
print("raise 语句示例 ")
raise IndexError(" 仔细观察一下，是否索引引用出界了 ")
```

程序输出结果：

```
raise 语句示例
IndexError: 仔细观察一下，是否索引引用出界了
```

【例 6-19】 在例 6-18 所示程序的 funave() 函数中添加功能，当平均分高于 100 时，自动抛出 BaseException 异常，并且在描述中写上"分数输入有误，请仔细检查"。

程序如下：

```
import datetime
def funave(s=[],n=[]):
    try:
        ave=sum(s)/(len(n)-1)
        if ave>100:
            raise BaseException(" 分数输入有误，请仔细检查 ")
```

```
        print(" 平均分是： ",ave)
        for i in range(len(s)):
            print("%s 比平均分相差 :%d"%(n[i],s[i]-ave))
    except ZeroDivisionError:
        print(" 出现了被 0 除的情况，可能没输入学生姓名，请重新试试 ")
    except BaseException as e:    #e 是一个实例对象
        print(e)
    else:
        print(" 运行成功 ")
    finally:
        print(" 现在的时间是：%s"%datetime.datetime.today())
score=[]
member=1
while(member!=0):
    member=int(input(' 请输入学生成绩 (0 为结束 )： '))
    score.append(member)
name=[]
member=""
while(member!="#"):
    member=input(' 请输入学生姓名 (# 为结束 )： ')
    name.append(member)
funave(score,name)
```

运行程序没有出错，当根据提示输入如下内容时：

请输入学生成绩 (0 为结束)： 180
请输入学生成绩 (0 为结束)： 70
请输入学生成绩 (0 为结束)： 0
请输入学生姓名 (# 为结束)： 叶子
请输入学生姓名 (# 为结束)： 小杨
请输入学生姓名 (# 为结束)： #

程序输出结果：

分数输入有误，请仔细检查
现在的时间是：2020-11-11 22:30:43.080530

▼ 任务实现

解题思路：
在本章任务一的基础上使用 try-except 处理异常。
程序如下：

```
'''
用文件存储用户 ID 和密码，每个用户的数据为一个字典对象
使用列表保存所有用户的数据。
'''
try:
    users=[]                                        # 创建一个空列表
    users.append({'id':'admin','pwd':'123'})        # 添加用户数据
    users.append({'id':'guest','pwd':'111'})
    users.append({'id':'python','pwd':'222'})
    with open(r'D: \python\ch06\serdata.bin','wb') as myfile:    # 用 wb 模式打开保存用户数据文件
        import pickle                               # 导入 pickle 模块
        pickle.dump(users,myfile)                   # 将用户数据写入文件
    print(" 账户信息已经写入文件 D: \python\ch06\serdata.bin")
    with open(r'D: \python\ch06\serdata.bin','rb') as myfile:    # 用 rb 模式打开保存用户数据文件
        data=pickle.load(myfile)                    # 读取文件中的数据
        while True:
            id=input(' 请输入用户 ID： ')
            if id=="#":
                print(" 你已退出程序 ")
                break
            idok=False
            temp="
            for user in data:
                if id==user['id']:
                    idok=True
                    temp=user
                    break
            if not idok:
                print(" 用户 ID 错误 ")
                continue
            pwd=input(' 请输入密码： ')
            if pwd=="#":
                print(" 你已退出程序 ")
                break
            if pwd!=temp['pwd']:
                print(" 密码出错 ")
            else:
                print(" 恭喜你通过了身份验证，正进入系统 ")
                import 党员信息管理系统    # 通过身份验证后才能调用党员信息管理系统，需要把
                                        # 前面章节编写好的党员信息管理系统与本程序放在同一目录中
```

```
                        break
except BaseException as e:                              # e 是一个实例对象
    print(" 出现了 %s 异常，请仔细检查 "%e)
```

运行结果请读者自行操作。建议尝试将程序中的 D 盘符改为操作电脑上不存在的盘符，进行程序测试。

小　　结

本章首先阐述了常用文件类型及文件命名的规则，然后详细介绍了文本文件的处理机制、CSV 文件的处理机制、路径和文件操作。其中，文本文件的处理机制包括打开与关闭文件、读写文件、with 语句的使用、pickle 模块的使用；CSV 文件的处理机制包括对 CSV 文件的认识、操作 CSV 文件中的数据；路径和文件操作包括 os 模块、glob 模块和 shutil 模块的使用。最后详细介绍了异常产生、常见异常类型，及异常的处理机制，包括使用 try-except 处理异常、使用 try-except-finally 处理异常及使用 raise 抛出异常。

文件读写是程序设计语言的基础功能，尤其是对于 Python 与数据分析相关的工具语言来说更为重要。异常处理机制是程序设计语言的必备功能，能提高程序的安全性及可维护性。

习　　题

一、选择题

1. open() 方法在读取文件时返回 (　　)。

A. 文件对象　　　　　　　　　　B. 文件名

C. 文件列表　　　　　　　　　　D. 文件元组

2. 为了从文件对象 myfile 中读取两个字符，使用 (　　)。

A. myfile.read(2)　　　　　　　　B. myfile.read()

C. myfile.readline()　　　　　　　D. myfile.readlines()

3. 写入文件应选择 (　　) 方法。

A. write()　　　　　　　　　　　B. read()

C. append()　　　　　　　　　　D. delete()

4. open() 方法的默认 encoding 参数是 (　　)。

A. utf-8　　　　　　　　　　　　B. utf-7

C. gbk　　　　　　　　　　　　D. url

5. Python 描述路径时常见的 3 种方式不包含 (　　)。

A. \\　　　　　　　　　　　　　B. \

C. /　　　　　　　　　　　　　D. //

6. .csv 文件默认的分隔符是 (　　)。

A. 逗号　　　　　　　　　　B. 制表符

C. 分号　　　　　　　　　　D. 顿号

7. os 模块不能进行的操作是 (　　)。

A. 查询工作路径　　　　　　B. 删除空文件夹

C. 复制文件　　　　　　　　D. 删除文件

8. 下列关于文件的说法，错误的是 (　　)。

A. 文件使用之前必须将其打开

B. 文件使用完之后应将其关闭

C. 文本文件和二进制文件读写时使用文件对象的相同方法

D. 访问已关闭的文件会自动打开该文件

9. 在下列选项中，不能从文件读取数据的是 (　　)。

A. read()　　　　　　　　　B. readline()

C. readlines()　　　　　　　D. seek()

10. 下列关于异常处理的说法，错误的是 (　　)。

A. 异常在程序运行时发生

B. 程序中的语法错误不属于异常

C. 异常处理结构中的 else 部分的语句始终会执行

D. 异常处理结构中的 finally 部分的语句始终会执行

二、程序题

1. 输入一个字符串，并写入一个文本文件中，文件名被命名为"data1"。输出结果如图 6-6 所示。

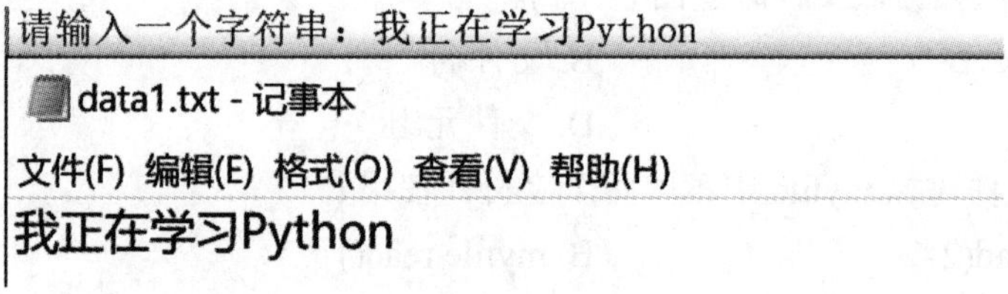

请输入一个字符串：我正在学习Python

data1.txt - 记事本

文件(F) 编辑(E) 格式(O) 查看(V) 帮助(H)

我正在学习Python

图 6-6　输入字符串和 data1.txt 结果显示

2. 输入一个字符，统计该字符在第 1 题创建的 data1.txt 文件中的出现次数，使用文件的 count() 方法实现统计。输出结果如图 6-7 所示。

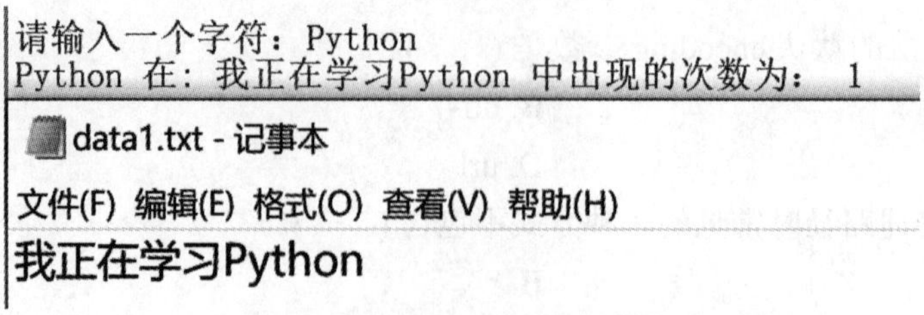

请输入一个字符：Python
Python 在：我正在学习Python 中出现的次数为：　1

data1.txt - 记事本

文件(F) 编辑(E) 格式(O) 查看(V) 帮助(H)

我正在学习Python

图 6-7　输入字符出现次数显示结果

3. 在程序中创建元组 a=(1,2,3,4)，列表 b=['Python','Java','Abc']，字典 c={' 姓名 ':'John','
年龄 ':25}，将它们写入 data.bin 文件并保存，之后再从文件中读取这些对象出来。输出结
果如图 6-8 所示。

```
(1, 2, 3, 4)
['Python', 'Java', 'Abc']
{'姓名': 'John', '年龄': 25}
```

图 6-8　输出写入文件 data.bin 结果

4. 在当前工作目录中创建一个子目录"mydir"，然后创建一个 mytxt.txt 文件，该文件
保存用户输入的内容，直到用户输入"#"时退出。输出结果如图 6-9 所示。

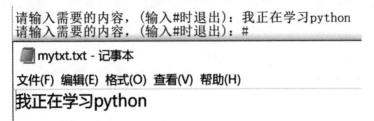

图 6-9　写入文件后程序显示结果

5. 在当前工作目录中创建一个子目录"mydir2"，并在该目录下创建一个 myfile.txt 文
件，其中的内容为"I love Python"，然后再在当前目录下创建一个 myfileback.txt 文件，将
myfile.txt 文件中的内容完整复制到这个新文件中。输出结果如图 6-10 所示。

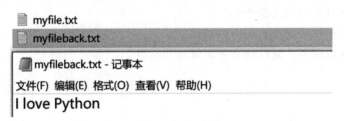

图 6-10　文件复制后程序显示结果

第 7 章

tkinter GUI 编程

学习内容

- tkinter 编程基础。
- tkinter 控件。
- 对话框。

技能目标

- 能使用 tkinter 创建 GUI 窗口程序。
- 能使用 tkinter 的常用控件编写 GUI 程序。
- 会使用窗口布局设置控件位置。
- 能使用对话框实现交互界面的功能。
- 能为控件添加事件处理函数并实现程序运行。

任务　编写 GUI 存款利息计算器

课程思政

▼ 任务描述

　　随着人们理财意识不断提高，一些大学生也有各种各样的理财途径，如银行存款、基金、投资股票、银行理财、国债等。理财有风险，投资需谨慎。本次的任务是使用 Python 编写 GUI 存款利息计算器，实现输入本金、年利率和存储年数后，计算利息并输出。

▼ 相关知识

一、tkinter 编程基础

　　tkinter 库是 Python 默认的图形用户界面 (Graphical User Interface，GUI)

tkinter 编程基础 1

库。由于 tkinter 是 Tk(toolkit，工具包) interface 的缩写，因此 tkinter 库是 TCL/Tk 图形工具包的 Python 接口。

1. tkinter 库基础

tkinter 库已成为 Python 的内置模块，其随 Python 一起安装。可在 Windows 系统命令窗口中运行"python -m tkinter"命令来检查 tkinter 库是否已正确安装。

1) TCL、Tk 和 tkinter 库

tkinter 库基于 Tk 工具包实现。Tk 工具包最初是为工具命令语言 (Tool Command Language，TCL) 设计的。Tk 被移植到多种语言，包括 Python(Tkinter)、Perl(Perl/Tk) 和 Ruby(Ruby/Tk) 等，Tk 可能不是最新、最好的 GUI 设计工具包，但它简单易用，是可快速实现运行于多种平台的 GUI 应用程序。

Python 赋予了 Tk 新的活力，它提供了一种能够更快实现 GUI 应用的原型系统，通过控件 (Widget，也称为小部件、组件)，开发人员可以快速实现应用程序界面开发。

2) 使用 tkinter 库

tkinter 库在 Python 中的模块名称被重命名为 tkinter(首字母小写)。在程序中使用时，需要先导入该模块，例如：

```
import tkinter
```

或者

```
from tkinter import *
```

3) tkinter 程序的创建步骤

下面的代码使用 tkinter 库创建一个窗口，在窗口中显示一个字符串：

```
import tkinter                                    # 导入 tkinter 模块
win=tkinter.Tk()                                  # 创建主窗口
label=tkinter.Label(win,text=" 你好 Tkinter")      # 创建标签控件
label.pack()                                      # 打包标签控件
win.mainloop()                                    # 开始事件循环
```

程序输出结果如图 7-1 所示，这是一个简单的 GUI，即一个标准的 Windows 窗口。

图 7-1　一个简单的 GUI

tkinter 程序的创建步骤如下：

(1) 导入 tkinter 模块。

(2) 创建主窗口，所有控件默认情况下都以主窗口作为容器。

(3) 在主窗口中创建控件。调用控件类对象创建控件时，第一个参数为主窗口。

（4）打包控件，打包工具决定如何在窗口中显示控件，未打包的控件不会在窗口中显示。

（5）开始事件循环。在开始事件循环后，tkinter 监听窗口中的键盘和鼠标事件，响应用户操作的 mainloop() 函数会一直运行，直到关闭主窗口结束程序。

4）文件的扩展名

GUI 程序文件的扩展名可以是 .py 或 .pyw。在 Windows 系统中双击程序文件运行时，.py 文件在打开 GUI 窗口的同时会显示系统命令提示符窗口。.pyw 文件运行时则不显示系统命令提示符窗口。

2. tkinter 窗口

tkinter.Tk() 方法创建一个主窗口，也称为根窗口。主窗口只有一个，它是一个容器，用于包含标签、按钮、列表框等控件或其他容器，构成应用程序的主界面。

1）使用默认主窗口

GUI 程序并不需要显式地创建主窗口，例如：

```
from tkinter import *                # 导入 tkinter 模块
label=Label(text=" 你好 Tkinter")     # 创建标签
label.pack()                         # 打包标签
mainloop()                           # 开始事件循环
```

程序运行显示的窗口与如图 7-1 所示的窗口完全相同。在创建第一个控件时，如果还没有主窗口，Python 会自动调用 tkinter.Tk() 方法创建一个主窗口。

2）窗口主要方法

（1）title(' 标题名 ')：修改窗口标题。

（2）geometry('400×300 ')：设置窗口大小。

（3）quit()：退出窗口。

（4）update()：刷新窗口。

例如：

```
from tkinter import *
win=Tk()
win.title(' 窗口 1')
win.geometry('400×300 ')
```

3. 窗口布局

窗口布局是指控件在窗口中的排列方式，tkinter 提供 3 种布局：Pack、Grid 和 Place。

1）Pack 布局

Pack 布局是 tkinter 的一种几何管理器，它通过相对位置控制控件在容器中的位置。由于控件的位置是相对的，因此当容器大小发生变化时，控件会自动调整位置。

当采用 pack() 方法打包控件时，控件所在的容器使用 Pack 布局。pack() 方法常用的参数如表 7-1 所示。

表 7-1 pack() 方法常用的参数

参数	说　明
anchor	当可用空间大于控件本身的大小时，该参数决定控件在容器中的位置。参数值可使用的常量包括：N(北，代表上)、E(东，代表右)、S(南，代表下)、W(西，代表左)、NW(西北，代表左上)、NE(东北，代表右上)、SW(西南，代表左下)、SE(东南，代表右下) 和 CENTER(中心，默认值)
expand	取值 True 或 False(默认值)，指定当父容器增大时是否拉伸控件
fill	设置控件是否沿水平或垂直方向填充。可使用的参数值包括 NONE、X、Y 和 BOTH，其中 NONE 表示不填充，BOTH 表示水平和垂直两个方向填充
ipadx	指定控件边框内部在 X 方向 (水平) 上的预留空白宽度 (padding)
ipady	指定控件边框内部在 Y 方向 (垂直) 上的预留空白宽度 (padding)
padx	指定控件边框外部在 X 方向 (水平) 上的预留空白宽度
pady	指定控件边框外部在 Y 方向 (垂直) 上的预留空白宽度
side	设置控件在容器中的位置，参数值可使用的常量包括 TOP、BOTTOM、LEFT 或 RIGHT

Pack 布局示例如下：

```
import tkinter
win=tkinter.Tk()
label1=tkinter.Label(win,text=" 标签 1",bg="green",fg="white")
label2=tkinter.Label(win,text=" 标签 2",bg="green",fg="white")
label3=tkinter.Label(win,text=" 标签 3",bg="black",fg="white")
label4=tkinter.Label(win,text=" 标签 4",bg="blue",fg="white")
label5=tkinter.Label(win,text=" 标签 5",bg="red",fg="white")
label1.pack(side=tkinter.LEFT ,fill=tkinter.Y)
label2.pack(side=tkinter.RIGHT ,fill=tkinter.Y)
label3.pack(side=tkinter.TOP ,expand=True,fill=tkinter.Y)
label4.pack(expand=True,fill=tkinter.BOTH)
label5.pack(anchor=tkinter.E)
win.mainloop()
```

程序输出结果如图 7-2 所示。其显示了各个标签在窗口中的位置，可调整窗口大小观察控件的位置变化。

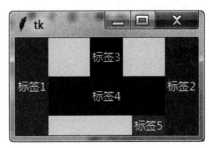

图 7-2 使用 Pack 布局

2) Grid 布局

Grid 布局又称为网格布局，它按照二维表格的形式，将容器划分为若干行和若干列，行列所在位置为一个单元格，类似于 Excel 表格。采用 grid() 方法打包控件时，控件所在的容器使用 Grid 布局。

在 grid() 方法中，用参数 row 设置控件所在的行，参数 column 设置控件所在的列，行列默认开始值为 0，依次递增。行和列的值大小表示了相对位置，数字越小表示位置越靠前。

Grid 布局示例如下：

```
import tkinter
win=tkinter.Tk()
label1=tkinter.Label(win,text=" 标签 1",fg='white',bg='black')
label2=tkinter.Label(win,text=" 标签 2",fg='red',bg='yellow')
label3=tkinter.Label(win,text=" 标签 3",fg='white',bg='green')
label1.grid(row=0,column=3)                    # 标签 1 放在 0 行 3 列
label2.grid(row=1,column=2)                    # 标签 2 放在 1 行 2 列
label3.grid(row=1,column=1)                    # 标签 3 放在 1 行 1 列
win.mainloop()
```

程序输出结果如图 7-3 所示。

图 7-3　使用 Grid 布局

grid() 方法常用的参数如表 7-2 所示。

表 7-2　grid() 方法常用的参数

参　数	说　　明
row	设置控件所在的行
column	设置控件所在的列
rowspan	控件占用的行数
columnspan	控件占用的列数
sticky	控件在单元格内的对齐方式，可用常量为 N、S、W、E、NW、SW、NE、SE 和 CENTER，与 pack() 方法的 anchor 参数值一致
ipadx 或 ipady	控件边框内部左右或上下预留空白宽度
padx 或 pady	控件边框外部左右或上下预留空白宽度

3) Place 布局

Place 布局可以比 Grid 和 Pack 布局更精确地控制控件在容器中的位置。当采用 place()

方法打包控件时，控件所在的容器使用 Place 布局。Place 布局可以与 Grid 布局或 Pack 布局同时使用。place() 方法常用的参数如表 7-3 所示。

表 7-3　place() 方法常用的参数

参　　数	说　　明
anchor	指定控件在容器中的位置，默认为左上角 (NW)，可使用 N、S、W、E、NW、SW、NE、SE 和 CENTER 等常量
bordermode	指定在计算位置时，是否包含容器边界宽度，默认为 INSIDE(要计算容器边界)，OUTSIDE 表示不计算容器边界
height、width	指定控件的高度和宽度，默认单位为像素
x、y	用绝对坐标指定控件的位置，坐标默认单位为像素
relx、rely	按容器高度和宽度的比例来指定控件的位置，取值范围为 0.0～1.0

需要注意的是，在使用坐标时，容器左上角为原点 (0,0)。

Place 布局示例如下：

```
import tkinter
win=tkinter.Tk()
label1=tkinter.Label(win,text=" 标签 1",fg="white",bg="black")
label2=tkinter.Label(win,text=" 标签 2",fg="red",bg="yellow")
label3=tkinter.Label(win,text=" 标签 3",fg="white",bg="green")
label1.place(x=0,y=0)
label2.place(x=50,y=50)
label3.place(relx=0.5,rely=0.2)
win.mainloop()
```

程序输出结果如图 7-4 所示。

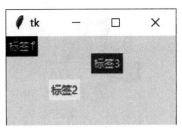

图 7-4　使用 Place 布局

tkinter 编程基础 2

4. 框架使用

框架 (Frame) 是一个容器，通常用于对组件进行分组。框架常用的选项如下：

(1) bd：指边框宽度。

(2) relief：指边框样式，可用 RAISED(凸起)、SUNKEN(凹陷)、FLAT(扁平，默认值)、RIDGE(脊状)、GROOVE(凹槽) 和 SOLID(实线)。

(3) width、height：设置宽度和高度，通常被忽略。容器通常根据内组件的大小自动调整自身大小。

框架使用示例如下：

```
import tkinter
win =tkinter.Tk()
frame1=tkinter.Frame(win ,bd=2,relief=tkinter.SUNKEN)
frame2=tkinter.Frame(win ,bd=2,relief=tkinter.SUNKEN)
labell=tkinter.Label(frame1,text=' 标签 1',fg='white',bg='black')
label2=tkinter.Label(frame1,text=' 标签 2',fg='red',bg='yellow')
label3=tkinter.Label(frame1,text=' 标签 3',fg='white',bg='green')
label4=tkinter.Label(frame2,text=' 标签 4',fg='white',bg='black')
label5=tkinter.Label(frame2,text=' 标签 5',fg='red',bg='yellow')
label6=tkinter.Label(frame2,text=' 标签 6',fg='white',bg='green')
frame1.pack()                         # 框架 1 和框架 2 在默认主窗口中使用 Pack 布局
frame2.pack()
label1.pack()                         # 标签 1、2、3 在框架 1 中使用 Pack 布局
label2.pack(side=tkinter.LEFT)
label3.pack(side=tkinter.RIGHT)
label4.grid(row=1,column=1)           # 标签 4、5、6 在框架 2 中使用 Grid 布局
label5.grid(row=3,column=4)
label6.grid(row=2,column=2)
win.mainloop()
```

程序输出结果如图 7-5 所示。其实现了使用框架将 6 个标签分为两组。

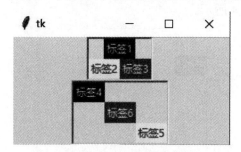

图 7-5   使用框架分组标签

5. 事件处理

事件通常是指用户在窗口中的动作，如单击鼠标、按下键盘上的某个键等。例如，可用 command 参数为控件指定鼠标单击时执行的函数，在发生事件时执行的函数称为事件处理函数，或者叫作回调函数。部分控件，如单选按钮、复选框、标尺、滚动条等，都支持参数 command。

使用参数 command 进行事件处理的示例如下：

```
import tkinter
win =tkinter.Tk()
label1=tkinter.Label(win ,text=" 事件处理 ")
label1.pack()
def showmsg1():
    label1.config(win ,text=" 单击了按钮 1")        # .config() 方法用于修改控件属性
def showmsg2():
    label1.config(text=" 单击了按钮 2")
bt1=tkinter.Button(win ,text=" 按钮 1",command=showmsg1)
bt2=tkinter.Button(win ,text=" 按钮 2",command=showmsg2)
bt1.pack()
bt2.pack()
win.mainloop()
```

程序输出结果如图 7-6 所示。其显示了窗口初始状态以及单击 "按钮 1" 和 "按钮 2"
时的状态。

图 7-6　使用 command 参数实现事件处理

参数 command 只能为控件绑定单击事件处理函数，当事件发生时，tkinter 会创建一
个事件对象 (Event Object)，该对象包含了事件的详细信息，但参数 command 绑定的事件
处理函数不能获得事件对象。要获得事件对象，需要使用 bind() 方法为控件绑定事件处理
函数，bind() 方法接收事件名称和事件处理函数名称作为参数，其基本格式如下：

控件 .bind (事件名称 , 函数名称)

常用的鼠标和键盘事件名称如下：

- < Button-n>：单击鼠标键，n 为 1 表示左键，n 为 2 表示中间键，n 为 3 表示右键。
- <B1-Motion>：按住鼠标左键拖动。
- <Double-Button-1>：双击左键。
- <Enter>：鼠标指针进入控件区域。
- <Leave>：鼠标指针离开控件区域。
- < MouseWheel>：滚动滚轮。
- < KeyPress-A>：按下 "A" 键，"A" 键可用其他键替代，代表按下其他键。
- <Alt-KeyPress-A>：按下 "Alt + A" 组合键，"Alt" 键可用 "Ctrl" 键和 "Shift" 键
等替代。
- <Lock-KeyPress-A>：大写状态下按 "A" 键。

事件对象常用的属性如下：

- char：按键字符，仅对键盘事件有效。
- keycode：按键名，仅对键盘事件有效。
- keysym：按键编码，仅对键盘事件有效。
- num：鼠标按键，仅对鼠标事件有效。
- type：所触发的事件类型。
- widget：引起事件的组件。
- width、height：组件改变后的大小，仅对 Configure 事件有效。
- x、y：鼠标当前位置，相对于窗口。
- x_root、y_root：鼠标当前位置，相对于整个屏幕。

使用 bind() 方法实现事件处理示例如下：

```
import tkinter
label1=tkinter.Label(text=" 事件处理 ")
label1.pack()
def showmsg(event):
    obj=event.widget
    msg=" 事件名称 :%s\n 控件 :%s\n 鼠标位置 :%s,%s"\
    %(event.type,event.widget['text'],event.x,event.y)
    label1.config(text=msg)
bt1=tkinter.Button(text=" 按钮 1")
bt2=tkinter.Button(text=" 按钮 2")
bt1.bind('<Button-1>',showmsg)
bt2.bind('<Button-3>',showmsg)
bt1.pack()
bt2.pack()
tkinter.mainloop()
```

程序输出结果如图 7-7 所示。

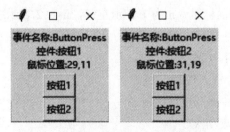

图 7-7　使用 bind() 方法实现事件处理

二、tkinter 控件

tkinter 常用的控件如表 7-4 所示。

tkinter 控件

表 7-4　tkinter 常用的控件

控件名称	说　明
Canvas	画布控件，用来创建与显示图形，如线条、多边形等
Button	按钮控件，用来创建一个按钮
Checkbutton	复选框控件，用来创建一个复选框
Entry	输入框控件，用来在窗体或窗口内创建一个单行的文本框
Label	标签控件，用来创建一个显示方块
Listbox	列表框控件，用来创建一个列表框
Menu	菜单控件，用来创建 3 种类型的菜单
Radiobutton	单选按钮控件，用来创建一个单选按钮
Scale	滑块控件，用来创建一个滑块来帮助用户设置数值
Scrollbar	滚动条控件，用来创建一个滚动条
Text	文本控件，用来创建一个多行的、格式化的文本框
Toplevel	顶层窗口控件，用来创建一个顶层窗口，可作为其他控件的容器。但是此控件有自己的最上层窗口，可以提供窗口管理接口

　　tkinter 提供了一组通用的属性来控制控件的外观和行为，可以在创建控件时通过参数设置属性，也可以调用控件的 config() 方法来设置属性。

　　1) 尺寸设置

　　在设置控件与尺寸相关的属性 (如边框宽度 bd、容器的宽度 width 或高度 height 等) 且直接使用整数时，其默认单位为像素。尺寸单位也可使用 c(厘米)、m(微米)、i(英寸，1 英寸约等于 2.54 厘米)、p(点，1 点约等于 1/72 英寸)。当数值带单位时，需使用字符串表示尺寸，例如：

```
label1.config(bd=2)            # 设置边框宽度为 2 像素
label2.config(bd='0.2c')       # 设置边框宽度为 0.2 厘米
```

　　2) 颜色设置

　　颜色属性 (如背景色、前景色等) 可设置为颜色字符串，字符串中可使用标准颜色名称或以符号 "#" 开头的 RGB 颜色值。标准颜色名称可使用 white、black、red、green、blue、cyan、yellow、magenta 等。当使用以符号 "#" 开头的 RGB 颜色值时，可使用下面 3 种格式：

　　(1) #rgb：r 代表红色，g 代表绿色，b 代表蓝色，每种颜色用 1 位十六进制数表示。

　　(2) #rrggbb：每种颜色用 2 位十六进制数表示。

　　(3) #rrrgggbbb：每种颜色用 3 位十六进制数表示。

　　例如：

```
label1.config(bg="000fff000")
label2.config(bg='blue')
```

3) 字体设置

font 属性用于设置字体名称、字体大小和字体特征。font 属性通常为一个三元元组，其基本格式为 (family,size,special)，其中，family 为字体名称；size 为字体大小；special 为字体特征，special 字符串中可使用的关键字包括 normal(正常)、bold(粗体)、italic(斜体)、underline(加下画线) 或 overstrike(加删除线)，例如：

```
label1.config(font=(" 仿宋 ",20," bold italic underline overstrike")
```

4) 显示图片

在 Windows 系统中，可调用 tkinter.PhotoImage 类来引用文件中的图片，再通过控件的 image 属性使用图片，PhotoImage 类支持 .gif、.png 等格式的图片文件。例如，显示工作目录 "D:\python\ch07" 内的 birdnest.png 图片，代码如下：

```
import tkinter
tkinter.Tk()                          # 必须先创建主窗体，然后调用 PhotoImage () 函数引用图片
pic=tkinter.PhotoImage(file='D:\python\ch07\birdnest.png')
tkinter.Label(image=pic).pack()       # 在控件中显示图片
```

5) 绑定变量

绑定变量是指变量与控件的特定属性关联在一起，两者始终保持相同。修改绑定变量的值，其关联的控件属性也立即变化。修改关联的控件属性的值，其绑定的变量的值也立即变化。

tkinter 模块提供了 4 种绑定变量：BooleanVar(布尔型)、StringVar(字符串)、IntVar(整数) 和 DoubleVar(双精度)。绑定变量的创建方法如下：

```
var=BooleanVar()                      # 布尔型控制变量，默认值为 0
var=StringVar()                       # 字符串控制变量，默认值为空字符串
var=IntVar()                          # 整数控制变量，默认值为 0
var=DoubleVar()                       # 双精度控制变量，默认值为 0.0
```

通常，可显示文本的控件，如标签、按钮、单行文本框、多行文本框、复选框等，均可用其 textvariable 属性绑定 StringVar 变量，绑定后控件的 textvariable 属性与绑定变量同步。对于可返回数值的控件，则使用其 variable 属性绑定 BooleanVar、DoubleVar 或 IntVar 变量。例如，可使用 variable 属性为复选框绑定 BooleanVar 变量，这样在勾选复选框时，绑定变量的值为 True，否则为 False。

为控件绑定变量后，可调用变量的 set() 方法设置变量的值，变量值同步反映到控件。调用 get() 方法可通过绑定变量返回控件的值。

使用绑定变量示例如下：

```
import tkinter
win=tkinter.Tk()
bvar=tkinter.BooleanVar()
slabel=tkinter.StringVar()
slabel.set(" 这是一个标签 ")
tkinter.Label(win,text=' 标签 ',textvariable=slabel).pack()
```

```
tkinter.Checkbutton(win,text=' 复选框 ',variable=bvar).pack()
def bt1click():
    bvar.set(True)
    slabel.set(' 复选框被选中 , 其值为 :%s'%bvar.get())
def bt2click():
    bvar.set(False)
    slabel.set(' 复选框被取消 , 其值为 :%s'%bvar.get())
bt1=tkinter.Button(win,text=' 选中复选框 ',command=bt1click)
bt2=tkinter.Button(win,text=' 取消复选框 ',command=bt2click)
bt1.pack()
bt2.pack()
win.mainloop()
```

程序输出结果如图 7-8 所示。

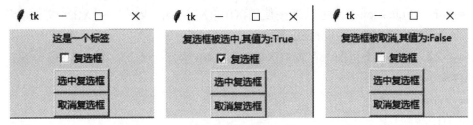

图 7-8　使用绑定变量

1. 画布控件 (Canvas 控件)

Canvas 控件用来创建与显示图形，如弧形、位图、图片、线条、椭圆形、多边形、矩形等。Canvas 控件具有以下常用方法：

(1) create_arc(coord, start, extent, fill)：创建一个弧形。参数 coord 定义画弧形区块的左上角与右下角坐标；参数 start 定义画弧形区块的起始角度 (逆时针方向)；参数 extent 定义画弧形区块的结束角度 (逆时针方向)；参数 fill 定义填满弧形区块的颜色。

【例 7-1】　绘制一个弧形，在窗口区域的 (10,50) 与 (240,210) 坐标间画一个弧形，起始角度是 0°，结束角度是 270°，使用红色来填充弧形区块。

程序如下：

```
from tkinter import *
win=Tk()
coord=10,50,240,210
canvas=Canvas(win)
canvas.create_arc(coord,start=0,extent=270,fill="red")
canvas.pack()
win.mainloop()
```

程序输出结果如图 7-9 所示。

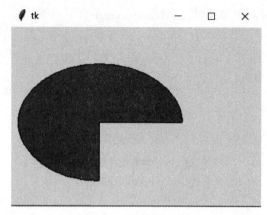

图 7-9　弧形绘制效果

(2) create_bitmap(x,y,bitmap)：创建一个位图。参数 x 与 y 定义位图的左上角坐标。参数 bitmap 定义位图的来源，可为 gray12、gray25、gray50、gray75、hourglass、error、questhead、info、warning 与 question；也可以直接使用 XBM(XBitmap) 文件，在 XBM 文件名称之前加上一个 @ 符号，如 bitmap= @hello.xbm。

【例 7-2】　绘制一个位图，在窗口区域的 (40,40) 坐标处画上一个 warning 位图。

程序如下：

```
from tkinter import *
win=Tk()
coord=10,50,240,210
canvas=Canvas(win)
canvas.create_bitmap(40,40,bitmap="warning")
canvas.pack()
win.mainloop()
```

程序输出结果如图 7-10 所示。

图 7-10　位图绘制效果

(3) create_image(x,y, image)：创建一个图片。参数 x 与 y 定义图片的左上角坐标；参数 image 定义图片的来源，必须是 tkinter 模块的 BitmapImage 类或 PhotoImage 类的实例变量。

【例 7-3】　创建一个图片，在窗口区域的 (40,140) 坐标处加载一个相同工作目录内的图片文件 xin1.gif。

程序如下：

```
from tkinter import *
```

```
win=Tk()
img=PhotoImage(file="xin1.gif")
canvas=Canvas(win)
canvas.create_image(40,140,image=img)
canvas.pack()
win.mainloop()
```

程序输出结果如图 7-11 所示。

(4) create_line(x0, y0, x1, y1,…,xn,yn, options)：创建线条。参数 x0,y0,x1,y1,…,xn,yn 定义线条的坐标。参数 options 可以是 width 或 fill，其中，width 定义线条的宽度，默认值是 1 像素；fill 定义线条的颜色，默认值是 black。

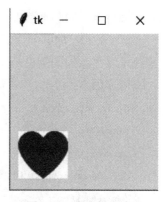

图 7-11　图片创建效果

【例 7-4】　绘制线条，从窗口区域的 (10,10) 坐标处画一条线到 (40,120) 坐标处，再从 (40,120) 坐标处画一条线到 (230,270) 坐标处，线条的宽度是 3 像素，线条的颜色是绿色。

程序如下：

```
from tkinter import *
win=Tk()
canvas=Canvas(win)
canvas.create_line(10,10,40,120,230,270,width=3,fill="green")
canvas.pack()
win.mainloop()
```

程序输出结果如图 7-12 所示。

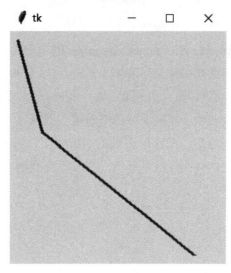

图 7-12　线条绘制效果

(5) create_oval(x0,y0,x1,y1,options)：创建一个圆形或者椭圆形。参数 x0 与 y0 定义绘图区域的左上角坐标。参数 x1 与 y1 定义绘图区域的右下角坐标。参数 options 可以是 fill 或 outline，其中，fill 定义填充圆形或者椭圆形的颜色，默认值是 empty(透明)；outline

定义圆形或者椭圆形的外围颜色。

【例 7-5】 绘制一个圆，在窗口区域的 (10,10) 到 (240,240) 坐标处画一个圆形，填充颜色是绿色，外围颜色是蓝色。

程序如下：

```
from tkinter import *
win=Tk()
canvas=Canvas(win)
canvas.create_oval(10,10,240,240,fill="green",outline="blue")
canvas.pack()
win.mainloop()
```

程序输出结果如图 7-13 所示。

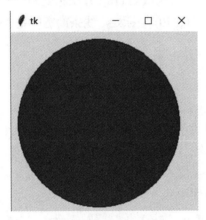

图 7-13 圆绘制效果

(6) create_polygon(x0, y0, x1, y1,…,xn,yn, options)：创建一个至少 3 个点的多边形。参数 x0,y0,x1,y1,...,xn,yn 定义多边形的坐标。参数 options 可以是 fill、outline 或 splinesteps，其中，fill 定义填满多边形的颜色，默认值是 black；outline 定义多边形的外围颜色，默认值是 black；splinesteps 是一个整数，定义曲线的平滑度。

【例 7-6】 绘制一个三角形，在窗口区域的 (10,10)、(320,80)、(210,230) 坐标处画一个三角形，填充颜色是绿色，外围颜色是蓝色，曲线平滑度是 1。

程序如下：

```
from tkinter import *
win=Tk()
canvas=Canvas(win)
canvas.create_polygon(10,10,320,80,210,230,outline="blue",splinesteps=1,fill="green")
canvas.pack()
win.mainloop()
```

程序输出结果如图 7-14 所示。

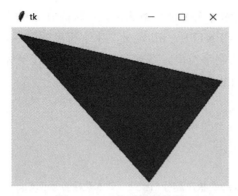

图 7-14　三角形绘制效果

(7) create_rectangle(x0,y0,x1,y1, options)：创建一个矩形。参数 x0 与 y0 定义矩形的左上角坐标，参数 x1 与 y1 定义矩形的右下角坐标。参数 options 可以是 fill 或 outline，其中，fill 定义填充矩形的颜色，默认值是 empty(透明)；outline 定义矩形的外围颜色，默认值是 black。

【例 7-7】　绘制一个矩形，在窗口区域的 (10,10) 到 (220,220) 坐标处画一个矩形，填充颜色是红色，外围颜色是空字符串，表示不画矩形的外围。

程序如下：

```
from tkinter import *
win=Tk()
canvas=Canvas(win)
canvas.create_rectangle(10,10,220,220,fill="red",outline="")
canvas.pack()
win.mainloop()
```

程序输出结果如图 7-15 所示。

图 7-15　矩形绘制效果

(8) create_text(x0,y0,text, options)：创建一个文字字符串。参数 x0 与 y0 定义文字字符串的左上角坐标。参数 text 定义文字字符串的内容。参数 options 可以是 anchor 或 fill，其中，anchor 定义 (x0,y0) 坐标与文字字符串的位置，默认值是 CENTER，可以是 N、NE、E、SE、S、SW、W、NW 或 CENTER；fill 定义文字字符串的颜色，默认值是 empty(透明)。

【例 7-8】 创建一个文字字符串，在窗口区域的 (40,40) 坐标处画一个文字字符串，颜色是红色，文字字符串在 (40,40) 坐标的左边。

程序如下：

```
from tkinter import *
win=Tk()
canvas=Canvas(win)
canvas.create_text(40,40,text=" 秋风起兮白云飞 , 草木黄落兮雁南归。",fill="red",anchor=W)
canvas.pack()
win.mainloop()
```

程序输出结果如图 7-16 所示。

图 7-16　文字字符串创建效果

2. 按钮控件 (Button 控件)

Button 控件用来创建一个按钮，在该按钮内可以显示文字或图片。它的方法如下：

(1) flash()：将前景与背景颜色互换来产生闪烁的效果。

(2) invoke()：执行 command 属性所定义的函数。

Button 的属性如下：

(1) activebackground：当按钮在作用时的背景颜色。

(2) activeforeground：当按钮在作用时的前景颜色。

例如：

```
from tkinter import *
win=Tk()
bt1=Button(win,activeforeground="#ff0000",activebackground="#00ff00",text=" 关闭 ",
            command=win.quit)
bt1.pack()
win.mainloop()
```

(3) bitmap：显示在按钮上的位图，此属性只有在忽略 image 属性时才有效，bitmap 属性一般可设置成 gray12、gray25、gray50、gray75、hourglass、error、questhead、info、warning 与 question；也可以直接使用 XBM(XBitmap) 文件，在 XBM 文件名称之前加上一个 @ 符号，如 bitmap=@helo.xbm。例如：

```
from tkinter import *
```

```
win=Tk()
bt1=Button(win,bitmap="question",command=win.quit)
bt1.pack()
win.mainloop()
```

(4) default：如果设置此属性，则此按钮为默认按钮。

(5) disabledforeground：当按钮在无作用时的前景颜色。

(6) image：显示在按钮上的图片，此属性的顺序在 text 与 bitmap 属性之前。

(7) state：定义按钮的状态，可以是 NORMAL、ACTIVE 或 DISABLED。

(8) takefocus：定义用户是否可以使用"Tab"键，来改变按钮的焦点。

(9) text：显示在按钮上的文字。如果定义了 bitmap 或 image 属性，则 text 属性就不会被使用。

(10) underline：一个整数偏移值，表示按钮上的文字哪一个字符要加底线，第一个字符的偏移值是 0。

【例 7-9】　在按钮上的第一个文字添加底线。

程序如下：

```
from tkinter import *
win=Tk()
bt1=Button(win,text=" 公司主页面 ",underline=0,command=win.quit)
bt1.pack()
win.mainloop()
```

程序输出结果如图 7-17 所示。

图 7-17　添加底线

3. 复选框控件 (Checkbutton 控件)

Checkbutton 控件用来创建一个复选框。它的属性如下：

(1) variable：指定变量所要存储的值。如果复选框没有被勾选，则此变量的值为 offvalue；如果复选框被勾选，则此变量的值为 onvalue。

(2) indicatoron：将此属性设置为 0，可以将整个控件变成复选框。

Checkbutton 控件的方法如下：

(1) select()：选择复选框，并且设置 variable 变量的值为 onvalue。

【例 7-10】　在窗口区域内创建 3 个复选框，并且将这 3 个复选框靠左对齐，然后勾选第一个复选框。

程序如下：

```
from tkinter import *
win=Tk()
```

```
check1=Checkbutton(win,text=" 苹果 ")
check2=Checkbutton(win,text=" 香蕉 ")
check3=Checkbutton(win,text=" 橘子 ")
check1.select()
check1.pack(side=LEFT)
check2.pack(side=LEFT)
check3.pack(side=LEFT)
```

程序输出结果如图 7-18 所示。

图 7-18　复选框

(2) flash()：将前景与背景颜色互换来产生闪烁的效果。

(3) invoke()：执行 command 属性所定义的函数。

(4) toggle()：改变选取按钮的状态，如果选取按钮现在的状态是 on，就改成 off；反之亦然。

4. 输入控件 (Entry 控件)

Entry 控件用来在框架或窗口内创建一个单行的文本框。它的属性如下：

textvariable：该属性为用户输入的文字或者要显示在 Entry 控件内的文字。

Entry 控件的方法如下：

get()：读取 Entry 控件内的文字。

【例 7-11】　创建一个简单计算器，在窗体内创建一个框架，在框架内创建一个文本框，让用户输入一个表达式。在框架内创建一个按钮，按下此按钮后即计算文本框内所输入的表达式。在框架内创建一个文字标签，将表达式的计算结果显示在此文字标签上。

程序如下：

```
from tkinter import *
win=Tk()
frame=Frame(win)                              # 创建框架
def calc():                                   # 定义计算函数
    result="="+str(eval(expression.get()))    # 将用户输入的表达式计算出结果后转换成字符串
    label.config(text=result)                 # 将计算的结果显示在 Label 控件上
label=Label(frame)                            # 创建一个 Label
expression=StringVar()                        # 读取用户输入的表达式
entry=Entry(frame,textvariable=expression)    # 创建 Entry 控件，并将用户输入的内容显示在 Entry
                                              # 控件上，并与 expression 的值保持同步
# 创建一个 Button 控件，当用户输入完毕后，单击此按钮即计算表达式的结果
button1=Button(frame,text=" 等于 ",command=calc)
```

```
frame.pack()
entry.pack()                              # Entry 控件位于窗体的上方
label.pack(side=LEFT)                     # Label 控件位于窗体的左方
button1.pack(side=RIGHT)                  # Button 控件位于窗体的右方
frame.mainloop()                          # 开始程序循环
```

程序输出结果如图 7-19 所示。

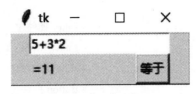

图 7-19　简单计算器

5. 标签控件 (Label 控件)

Label 控件用来创建一个显示方块，可以在这个显示方块内放置文字或者图片。当用户在 Entry 控件内输入数值时，其值会存储在 tkinter 的 StringVar 类内。可以将 Entry 控件的 textvariable 属性设置成 StringVar 类的实例变量，让用户输入的数值自动显示在 Entry 控件上，例如：

```
expression=StringVar()
entry=Entry(frame, textvariable=expression)
entry.pack()
```

此方式在 Label 控件上也适用。可以使用 StringVar 类的 set() 方法，直接写入 Label 控件要显示的文字，例如：

```
expression=StringVar()
Label (frame, textvariable=expression). pack()
expression.set("Hello Python")
```

【例 7-12】　优化计算器，在例 7-11 中新增一个按钮，单击此新增按钮后，可以清除表达式与文字标签的内容。

程序如下：

```
from tkinter import *
win=Tk()
frame=Frame(win)                          # 创建窗体
def calc():
    result="="+str(eval(expression.get()))   # 将用户输入的表达式计算出结果后转换成字符串
    label.config(text=result)             # 将计算的结果显示在 Label 控件上
def clear():                              # 定义清除内容函数
    expression.set("")
    label.config(text="")
label=Label(frame)                        # 创建一个 Label
```

```
expression=StringVar()                          # 读取用户输入的表达式
entry=Entry(frame,textvariable=expression)      # 创建 Entry 控件，将用户输入的内容显示在 Entry
                                                # 控件上
# 创建一个 Button 控件，当用户输入完毕后，单击此按钮即计算表达式的结果
button1=Button(frame,text=" 等于 ",command=calc)
button2=Button(frame,text=" 清除 ",command=clear)
frame.pack()
entry.pack()                                    # Entry 控件位于窗体的上方
label.pack(side=LEFT)                           # Label 控件位于窗体的左方
button1.pack(side=RIGHT)                         # Button 控件位于窗体的右方
button2.pack(side=RIGHT)                         # Button 控件位于窗体的右方
frame.mainloop()                                # 开始程序循环
```

单击"清除"按钮，即可清除文本框中的表达式和文字标签的内容。程序输出结果如图 7-20 所示。

图 7-20   优化计算器的效果

6. 列表框控件 (Listbox 控件)

Listbox 控件用来创建一个列表框。该列表框内可以包含许多选项，用户可以只选择一项或多项。Listbox 控件的属性如下：

(1) height：列表框的行数目。如果此属性为 0，则自动设置成能找到的最大选择项数目。

(2) selectmode：设置列表框种类，可以是 SINGLE、EXTENDED、MULTIPLE 或 BROWSE。

(3) width：设置每一行的字符数目。如果此属性为 0，则自动设置成能找到的最大字符数目。

Listbox 控件的方法如下：

(1) delete(row [,lastrow])：删除指定行 row，或者删除 row 到 lastrow 之间的行。

(2) get(row)：取得指定行 row 内的字符串。

(3) insert(row, string)：在指定行 row 插入字符串 string。

(4) see(row)：将指定行 row 变成可视。

(5) select_clear()：清除选择项。

(6) select_set(startrow, endrow)：选择 startrow 与 endrow 之间的行。

【例 7-13】 创建一个列表框，并且插入 8 个选项，选项内容分别是香蕉、苹果、橘子、西瓜、桃子、菠萝、柚子、橙子。

程序如下：

```
from tkinter import *
```

```
win=Tk()
frame=Frame(win)                        # 创建框架
name=[" 香蕉 "," 苹果 "," 橘子 "," 西瓜 "," 桃子 "," 菠萝 "," 柚子 "," 橙子 "]   # 创建列表框选项列表
listbox=Listbox(frame)                  # 创建 Listbox 控件
listbox.delete(0,END)                   # 清除 Listbox 控件的内容
# 在 Listbox 控件内插入选项
for i in range(8):
    listbox.insert(END,name[i])
listbox.pack()
frame.pack()
frame.mainloop()                        # 开始程序循环
```

程序输出结果如图 7-21 所示。

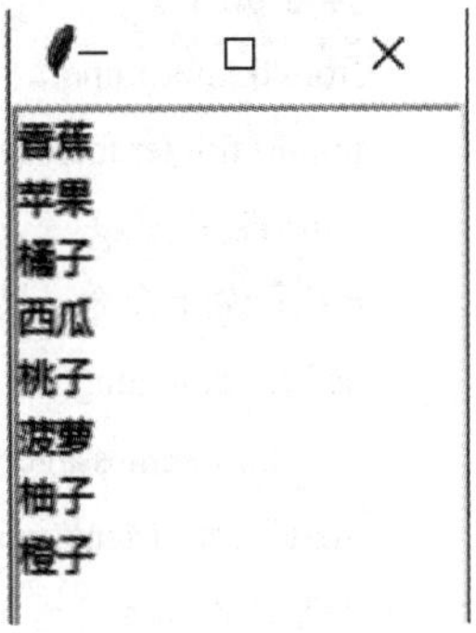

图 7-21　列表框

7. 菜单控件 (Menu 控件)

Menu 控件用来创建 3 种类型的菜单：快捷式 (pop-up) 菜单、主目录 (toplevel) 菜单和下拉式 (pull-down) 菜单。Menu 控件的属性如下：

(1) accelerator：设置菜单项的快捷键，快捷键会显示在菜单项的右边。注意此选项并不会自动将快捷键与菜单项联结在一起，必须另行设置。

(2) command：用于设置选择菜单项时执行的函数。

(3) indicatorOn：设置此属性，可以让菜单项选择 on 或 off。

(4) label：定义菜单项内的文字。

(5) menu：此属性与 add_cascade() 方法一起使用，用来新增菜单项的子菜单项。

(6) selectColor：菜单项 on 或者 off 的颜色。

(7) state：定义菜单项的状态，可以是 normal、active 或 disabled。

(8) onvalue, offvalue：存储在 variable 属性内的数值。当选择菜单项时，将 onvalue 内的数值复制到 variable 属性内。

(9) tearOff：如果此选项为 True，则在菜单项的上面会显示一个可单击的分隔线。单击此分隔线，会将此菜单项分离出来成为一个新的窗口。

(10) underline：设置菜单项中的哪一个字符有下画线。

(11) value：选择菜单项的值。

(12) variable：用来存储数值的变量。

Menu 控件的方法如下：

(1) add_command(options)：新增一个菜单项。

(2) add_radiobutton(options)：创建一个选择按钮菜单项。

(3) add_checkbutton(options)：创建一个复选框菜单项。

(4) add_cascade(options)：将一个指定的菜单与其父菜单联结，创建一个新的级联菜单。

(5) add_separator()：新增一条分隔线。

(6) add(type, options)：新增一个特殊类型的菜单项。

(7) delete(startindex[, endindex])：删除 startindex 到 endindex 之间的菜单项。

(8) entryconfig(index, options)：修改 index 菜单项。

【例 7-14】 创建一个主目录菜单，并且新增 5 个菜单项。

程序如下：

```
from tkinter import *
import tkinter.messagebox
win=Tk()                              # 创建主窗口
# 执行菜单命令，显示一个对话框
def doSomething():
    tkinter.messagebox.askokcancel(" 菜单 "," 你正在选择菜单命令 ")
mainmenu=Menu(win)                    # 创建一个主目录 (toplevel) 菜单
# 新增菜单项
mainmenu.add_command(label=" 文件 ",command=doSomething)
mainmenu.add_command(label=" 编辑 ",command=doSomething)
mainmenu.add_command(label=" 视图 ",command=doSomething)
mainmenu.add_command(label=" 窗口 ",command=doSomething)
mainmenu.add_command(label=" 帮助 ",command=doSomething)
win.config(menu=mainmenu)             # 设置主窗口的菜单
win.mainloop()                        # 开始程序循环
```

程序输出结果如图 7-22 所示。选择任意一个菜单命令，将会弹出提示对话框，如图 7-23 所示。

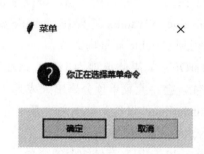

图 7-22　主目录菜单　　　　　　　图 7-23　选择菜单命令时的提示对话框

【例 7-15】 创建一个下拉式菜单，并且在菜单项内加入快捷键。

程序如下：

```
from tkinter import *
import tkinter.messagebox
win=Tk()                              # 创建主窗口
# 执行【文件 / 新建】命令，显示一个对话框
def doFileNewCommand(*arg):
```

```
        tkinter.messagebox.askokcancel(" 菜单 "," 你正在选择【新建】命令 ")
# 执行【文件 / 打开】命令，显示一个对话框
def doFileOpenCommand(*arg):
        tkinter.messagebox.askokcancel(" 菜单 "," 你正在选择【打开】命令 ")
# 执行【文件 / 保存】命令，显示一个对话框
def doFileSaveCommand(*arg):
        tkinter.messagebox.askokcancel(" 菜单 "," 你正在选择【保存】命令 ")
# 执行【帮助 / 文档】命令，显示一个对话框
def doHelpContentsCommand(*arg):
        tkinter.messagebox.askokcancel(" 菜单 "," 你正在选择【文档】命令 ")
# 执行【帮助 / 关于】命令，显示一个对话框
def doHelpAboutCommand(*arg):
        tkinter.messagebox.askokcancel(" 菜单 "," 你正在选择【关于】命令 ")
# 创建一个下拉式 (pull-down) 菜单
mainmenu=Menu(win)
# 新增 " 文件 " 菜单的子菜单
filemenu=Menu(mainmenu,tearoff=0)
# 新增 " 文件 " 菜单的菜单项
filemenu.add_command(label=" 新建 ",command=doFileNewCommand,accelerator="Ctrl-N")
filemenu.add_command(label=" 打开 ",command=doFileOpenCommand,accelerator="Ctrl-O")
filemenu.add_command(label=" 保存 ",command=doFileSaveCommand,accelerator="Ctrl-S")
filemenu.add_separator()
filemenu.add_command(label=" 退出 ",command=win.quit)
# 新增 " 文件 " 菜单
mainmenu.add_cascade(label=" 文件 ",menu=filemenu)
# 新增 " 帮助 " 菜单的子菜单
helpmenu=Menu(mainmenu,tearoff=0)
# 新增 " 帮助 " 菜单的菜单项
helpmenu.add_command(label=" 文档 ",command=doHelpContentsCommand,accelerator="F1")
helpmenu.add_command(label=" 关于 ",command=doHelpAboutCommand,accelerator="Ctrl-A")
# 新增 " 帮助 " 菜单
mainmenu.add_cascade(label=" 帮助 ",menu=helpmenu)
# 设置主窗口的菜单
win.config(menu=mainmenu)
win.bind("<Control-n>",doFileNewCommand)
win.bind("<Control-N>",doFileNewCommand)
win.bind("<Control-o>",doFileOpenCommand)
win.bind("<Control-O>",doFileOpenCommand)
win.bind("<Control-s>",doFileSaveCommand)
```

```
win.bind("<Control-S>",doFileSaveCommand)
win.bind("<F1>",doHelpContentsCommand)
win.bind("<Control-a>",doHelpAboutCommand)
win.bind("<Control-A>",doHelpAboutCommand)
win.mainloop()  # 开始程序循环
```

选择 "文件" 下拉式菜单，如图 7-24 所示。在子菜单中选择【新建】命令，如图 7-25 所示。

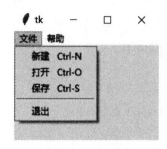

图 7-24 下拉菜单

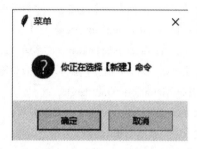

图 7-25 选择【新建】命令时的提示对话框

【例 7-16】 创建一个快捷式菜单。

程序如下：

```
from tkinter import *
import tkinter.messagebox

win=Tk()                              # 创建主窗口
# 执行菜单命令，显示一个对话框
def doSomething():
    tkinter.messagebox.askokcancel(" 菜单 "," 你正在选择快捷式菜单命令 ")
# 创建一个快捷式 (pop-up) 菜单
popupmenu=Menu(win,tearoff=0)
# 新增快捷式菜单的项目
popupmenu.add_command(label=" 复制 ",command=doSomething)
popupmenu.add_command(label=" 粘贴 ",command=doSomething)
popupmenu.add_command(label=" 剪切 ",command=doSomething)
popupmenu.add_command(label=" 删除 ",command=doSomething)
# 右击窗口 (x,y) 坐标处，显示此快捷式菜单
def showPopUpMenu(event):
    popupmenu.post(event.x_root,event.y_root)
# 设置右击后，显示此快捷式菜单
win.bind("<Button-3>",showPopUpMenu)
win.mainloop()  # 开始程序循环
```

右击鼠标，弹出快捷式菜单，如图 7-26 所示。再选择快捷式菜单命令，如图 7-27 所示。

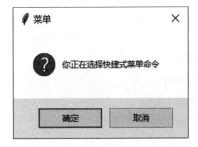

图 7-26　快捷式菜单　　　　　图 7-27　选择快捷式菜单命令时的提示对话框

8. 单选按钮控件 (Radiobutton 控件)

Radiobutton 控件用来创建一个单选按钮。为了让一组单选按钮可以执行相同的功能，必须设置这组单选按钮的 variable 属性为同一个变量。Radiobutton 控件的属性如下：

(1) command：当用户选中单选按钮时所调用的函数。

(2) variable：当用户选中单选按钮时要更新的变量。

(3) value：当用户选中单选按钮时要存储在 variable 变量内的值。

Radiobutton 控件的方法如下：

(1) flash()：将前景与背景颜色互换来产生闪烁的效果。

(2) invoke()：执行 command 属性所定义的函数。

(3) select()：选中单选按钮，将 variable 变量的值设置成 value 属性值。

【例 7-17】　创建 5 个运动项目的单选按钮以及 1 个文字标签，将用户的选择显示在文字标签上。

程序如下：

```
from tkinter import *
win = Tk()                              # 创建主窗口
sports = [" 棒球 ", " 篮球 ", " 足球 ", " 网球 ", " 排球 "] # 运动项目列表
# 将用户的选择显示在 Label 控件上
def showSelection():
    choice = " 您的选择是： " + sports[var.get()]
    label.config(text = choice)
var = IntVar()                          # 读取用户的选择值，该值是一个整数
# 创建单选按钮，靠左边对齐
Radiobutton(win, text=sports[0], variable=var, value=0,
            command=showSelection).pack(anchor=W)
Radiobutton(win, text=sports[1], variable=var, value=1,
            command=showSelection).pack(anchor=W)
Radiobutton(win, text=sports[2], variable=var, value=2,
            command=showSelection).pack(anchor=W)
Radiobutton(win, text=sports[3], variable=var, value=3,
            command=showSelection).pack(anchor=W)
```

```
Radiobutton(win, text=sports[4], variable=var, value=4,
        command=showSelection).pack(anchor=W)
label = Label(win)                          # 创建文字标签，用来显示用户的选择
label.pack()
win.mainloop()                              # 开始程序循环
```

程序输出结果如图 7-28 所示。

图 7-28　单选按钮

【例 7-18】　创建命令型单选按钮。

程序如下：

```
from tkinter import *
win = Tk()                                  # 创建主窗口
sports = [" 棒球 ", " 篮球 ", " 足球 ", " 网球 ", " 排球 "]    # 运动项目列表
# 将用户的选择显示在 Label 控件上
def showSelection():
    choice = " 您的选择是： " + sports[var.get()]
    label.config(text = choice)
var = IntVar()                              # 读取用户的选择值，该值是一个整数
# 创建单选按钮
radio1 = Radiobutton(win, text=sports[0], variable=var,value=0,command=showSelection)
radio2 = Radiobutton(win, text=sports[1], variable=var, value=1, command=showSelection)
radio3 = Radiobutton(win, text=sports[2], variable=var, value=2, command=showSelection)
radio4 = Radiobutton(win, text=sports[3], variable=var, value=3,command=showSelection)
radio5 = Radiobutton(win, text=sports[4], variable=var, value=4,command=showSelection)
# 将单选按钮设置成命令型按钮，indicatoron=0 时，不会显示小圆点或方框等指示器
radio1.config(indicatoron=0)
radio2.config(indicatoron=0)
radio3.config(indicatoron=0)
radio4.config(indicatoron=0)
radio5.config(indicatoron=0)
# 将单选按钮靠左边对齐
radio1.pack(anchor=W)
```

```
radio2.pack(anchor=W)
radio3.pack(anchor=W)
radio4.pack(anchor=W)
radio5.pack(anchor=W)
label = Label(win)                                    # 创建文字标签，用来显示用户的选择
label.pack()
win.mainloop()                                        # 开始程序循环
```

程序输出结果如图 7-29 所示。

图 7-29　命令型单选按钮

9. 滑块控件 (Scale 控件)

Scale 控件用来创建一个标尺式的滑块，可以移动该滑块标尺上的光标来设置数值。滑块可绑定鼠标左键释放事件 <ButtonRelease-1>，并在执行函数中添加参数 event 来实现事件响应。Scale 控件的方法如下：

(1) get()：取得目前标尺上的光标值。

(2) set(value)：设置目前标尺上的光标值。

【例 7-19】　创建一个图像宽度为 200 像素的滑块控件，取值范围为 1.0～5.0，分辨精度为 0.05，刻度间隔为 1，用鼠标拖动滑块后释放鼠标可读取滑块的取值并将其显示在标签上。

程序如下：

```
from tkinter  import  *
def show(event):
        s = ' 滑块的取值为 ' + str(var.get())
        lb.config(text=s)
win = Tk()
win.title(' 滑块实验 ')
win.geometry('320x180')
var=DoubleVar()
scl = Scale(win,orient=HORIZONTAL,length=200,from_=1.0,to=5.0,label=' 请拖动滑块 ',
            tickinterval=1,resolution=0.05,variable=var)
scl.bind('<ButtonRelease-1>',show)
```

```
scl.pack()
lb = Label(win,text='')
lb.pack()
win.mainloop()
```

程序输出结果如图 7-30 所示。

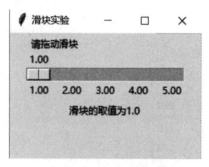

图 7-30   水平滑块控件

10. 滚动条控件 (Scrollbar 控件)

Scrollbar 控件用来创建一个水平或垂直的滚动条，其可与 Listbox、Text、Canvas 等控件共同使用来移动显示的范围。Scrollbar 控件的方法如下：

(1) set(first,last)：设置目前的显示范围，其值在 0 与 1 之间。

(2) get()：返回目前的滚动条设置值。

【例 7-20】   创建一个含有 60 个选项的列表框、一个水平滚动条以及一个垂直滚动条。当移动水平或者垂直滚动条时，改变列表框的水平或垂直方向可见范围。

程序如下：

```
from tkinter import *
win = Tk()                              # 创建主窗口
# 创建一个水平滚动条
scrollbar1 = Scrollbar(win, orient=HORIZONTAL)
# 水平滚动条位于窗口底端，当窗口改变大小时会在 X 方向填满窗口
scrollbar1.pack(side=BOTTOM, fill=X)
scrollbar2 = Scrollbar(win)             # 创建一个垂直滚动条
# 垂直滚动条位于窗口右端，当窗口改变大小时会在 Y 方向填满窗口
scrollbar2.pack(side=RIGHT, fill=Y)
# 创建一个列表框，X 方向的滚动条指令是 scrollbar1 对象的 set() 方法，Y 方向的滚动条指令是
# scrollbar2 对象的 set() 方法
mylist=Listbox(win,xscrollcommand=scrollbar1.set,yscrollcommand=scrollbar2.set)
# 在列表框内插入 60 个选项
for i in range(60):
        mylist.insert(END," 火树银花合，星桥铁锁开。暗尘随马去，明月逐人来。"+str(i))
# 列表框位于窗口左端，当窗口改变大小时会在 X 与 Y 方向填满窗口
```

mylist.pack(side=LEFT, fill=BOTH)

移动水平滚动条时，改变列表框的 X 方向可见范围

scrollbar1.config(command=mylist.xview)

移动垂直滚动条时，改变列表框的 Y 方向可见范围

scrollbar2.config(command=mylist.yview)

win.mainloop()   # 开始程序循环

程序输出结果如图 7-31 所示。

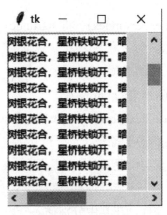

图 7-31　滚动条控件

11. 文本控件 (Text 控件)

Text 控件用来创建一个多行、格式化的文本框。它的属性如下：

(1) state：此属性值可以是 normal 或者 disabled。state 等于 normal，表示此文本框可以编辑内容；state 等于 disabled，表示此文本框不可以编辑内容。

(2) tabs：此属性值为一个 tab 位置的列表。列表中的元素是 tab 位置的索引值，再加上一个调整字符 l、r 或 c，其中 l 代表 left，r 代表 right，c 代表 center。

Text 控件的方法如下：

(1) delete(startindex[, endindex])：删除特定位置的字符或者一个范围内的文字。

(2) get(startindex[, endindex])：返回特定位置的字符或者一个范围内的文字。

(3) index((index))：返回指定索引值的绝对值。

(4) insert(index [, string])：将字符串插入指定索引值的位置。

(5) see(index)：如果指定索引值的文字是可见的，就返回 True。

Text 控件支持 3 种类型的特殊结构：Mark、Tag、index。其分述如下：

(1) Mark：用来作为书签，书签可以帮助用户快速找到文本框内容的指定位置。tkinter 提供 2 种类型的书签：INSERT 与 CURRENT。INSERT 书签指定光标插入的位置；CURRENT 书签指定光标最近的位置。Text 控件操作书签的方法如下：

① index(mark)：返回书签的行与列的位置。

② mark_gravity(mark[,gravity])：返回书签的 gravity，如指定了参数 gravity，就设置此书签的 gravity。

③ mark_names()：返回 Text 控件的所有书签。

④ mark_set(mark, index)：设置书签的新位置。

⑤ mark_unset(mark)：删除 Text 控件的指定书签。

(2) Tag：用来将一个范围内的文字指定为一个标签名称，如此就可以很容易对此范围内的文字修改其设置值。Tag 可以用来将一个范围与一个 callback 函数联结。tkinter 提供一种类型的 Tag，即 SEL。SEL 指定符合目前的选择范围。Text 控件用来操作 Tag 的方法如下：

① tag_add (tagname, startindex, endindex)：将 startindex 位置或者 startindex 到 endindex 之间的范围指定为 tagname 名称。

② tag_config()：设置 tag 属性的选项。

③ tag_delete(tagname)：删除指定的 tag 标签。

④ tag_remove(tagname, startindex[, endindex]…)：将 startindex 位置或者 sartindex 到 endindex 之间的范围指定的 Tag 标签删除。

(3) index：用来指定字符的真实位置。tkinter 提供 index 的类型有 INSERT、CURRENT、END。

【例 7-21】 创建一个 Text 控件，在其中分别插入一段文字以及一个按钮。

程序如下：

```
from tkinter import *
win = Tk()                                          # 创建主窗口
win.title(string = " 文本控件 ")
text = Text(win)                                    # 创建一个 Text 控件
# 在 Text 控件内插入一段文字
text.insert(INSERT, " 晴明落地犹惆怅，何况飘零泥土中。:\n\n")
text.insert(INSERT, "\n\n")                         # 跳到下一行
# 在 Text 控件内插入一个按钮
button = Button(text, text=" 关闭 ", command=win.quit)
text.window_create(END, window=button)
text.pack(fill=BOTH)
# 在第一行文字的第十个字符到第十四个字符处插入标签，标签名称为 "print"
text.tag_add("print", "1.10", "1.15")
# 设置插入的按钮的标签名称为 "button"
text.tag_add("button", button)
# 改变标签 "print" 的前景与背景颜色，并且加底线
text.tag_config("print", background="yellow", foreground="blue", underline=1)
text.tag_config("button", justify="center")         # 设置标签 "button" 的居中排列
win.mainloop()                                      # 开始程序循环
```

程序输出结果如图 7-32 所示。

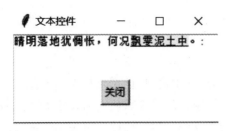

图 7-32　Text 控件

12. 顶层窗口控件 (Toplevel 控件)

在默认情况下，一个 tkinter GUI 程序总是有一个默认的主窗口，也称为根窗口。主窗口可通过显式调用 tkinter.Tk() 来创建。如果没有显式调用 tkinter.Tk()，则 GUI 程序也会隐式调用。

Toplevel 控件用来创建一个顶层窗口。顶层窗口默认外观和主窗口相同，可独立地进行操作。

【例 7-22】　创建一个主窗口和两个顶层窗口。

程序如下：

```
from tkinter import *
win=Tk()                                            # 显示创建主窗口
win.title(' 默认主窗口 ')                             # 设置窗口标题
win1=Toplevel()                                      # 创建顶层窗口
win1.title(' 顶层窗口 1')                             # 设置窗口标题
win1.withdraw()                                      # 隐藏窗口
win2=Toplevel(win)                                   # 显示设置顶层窗口的父窗口为 win
win2.title(' 顶层窗口 2')
win2.withdraw()
frame1=LabelFrame(text=' 顶层窗口 1：',relief=GROOVE)
frame1.pack()
bt1=Button(frame1,text=' 显示 ',command=win1.deiconify)   # 单击按钮时显示窗口
bt1.pack(side=LEFT)
bt2=Button(frame1,text=' 隐藏 ',command=win1.withdraw)    # 单击按钮时隐藏窗口
bt2.pack(side=LEFT)
frame2=LabelFrame(text=' 顶层窗口 2：',relief=GROOVE)
frame2.pack()
bt3=Button(frame2,text=' 显示 ',command=win2.deiconify)
bt3.pack(side=LEFT)
bt4=Button(frame2,text=' 隐藏 ',command=win2.withdraw)
bt4.pack(side=LEFT)
bt5=Button(win1,text=' 关闭窗口 ',command=win1.destroy)    # 单击按钮时关闭窗口
bt5.pack(anchor=CENTER)
```

```
bt6=Button(win2,text=' 关闭窗口 ',command=quit)
bt6.pack(anchor=CENTER)
win.mainloop()
```

在程序运行时,首先显示默认主窗口,两个顶层窗口被隐藏。单击默认主窗口中的"显示"按钮,可显示对应的顶层窗口。单击默认主窗口中的"隐藏"按钮,可隐藏对应的顶层窗口。单击顶层窗口中的"关闭窗口"按钮,可关闭该窗口。主窗口和两个顶层窗口如图 7-33 所示。

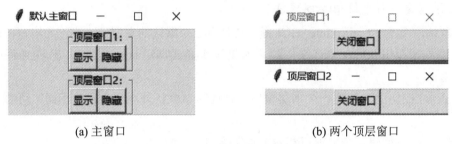

(a) 主窗口   (b) 两个顶层窗口

图 7-33   主窗口和两个顶层窗口

三、对话框

tkinter 提供下列不同类型的对话框,这些对话框的功能存放在 tkinter 的不同子模块中,主要包括 messagebox 模块、filedialog 模块和 colorchooser 模块。

对话框

1. 消息对话框

messagebox 模块提供下列方法来打开供用户选择的对话框:

(1) showinfo(title, message, options): 显示普通信息对话框。

(2) showwarning(title,message,options): 显示警告信息对话框。

(3) showerror(title, message,options): 显示错误信息对话框。

(4) askquestion(title, message, options): 显示询问问题对话框。

(5) askokcancel(title, message, options): 显示询问确认取消对话框。

(6) askyesno(title, message, options): 显示询问是否对话框。

(7) askyesnocancel(title, message, options): 显示询问是否取消对话框。

(8) askretrycancel(title, message, options): 显示询问重试取消对话框。

各个函数的参数均可省略,参数 title 设置对话框标题,参数 message 设置对话框内部显示的提示信息,options 为一个或多个附加选项。

各个 showXXX() 方法返回字符串 "ok"; askquestion() 方法返回 "yes" 或 "no"; askokcancel() 方法返回 True 或 False; askyesno() 方法返回 True 或 False; askyesnocancel() 方法返回 True、False 或 None; askretrycancel() 方法返回 True 或 False。

【例 7-23】 调用各个方法显示相应的消息对话框,并打印返回值。

程序如下:

```
from tkinter import *
from tkinter.messagebox import *
win=Tk()
title=" 通用消息对话框 "
print(" 信息对话框 :",showinfo(title," 这是信息对话框 "))
print(" 警告对话框 :",showwarning(title," 这是警告对话框 "))
print(" 错误对话框 :",showerror(title," 这是错误提示对话框 "))
print(" 问题对话框 :",askquestion(title," 这个问题正确吗 ?"))
print(" 确认取消对话框 ",askokcancel(title," 请选择确认或取消 "))
print(" 是否对话框 :",askyesno(title," 请选择是或否 "))
print(" 是否取消对话框 :",askyesnocancel(title," 请选择是、否或取消 "))
print(" 重试对话框 :",askretrycancel(title," 请选择重试或取消 "))
win.mainloop()
```

2. 文件对话框

tkinter.filedialog() 提供了标准的文件对话框，其常用的方法如下：

(1) askopenfilename()：打开"打开"对话框，选择文件。如果有选中文件，则返回文件名，否则返回空字符串。

(2) asksaveasfilename()：打开"另存为"对话框，指定文件保存路径和文件名。如果有指定文件名，则返回文件名，否则返回空字符串。

(3) askopenfile：打开"打开"对话框，选择文件。如果有选中文件，则返回以"r"方式打开的文件，否则返回 None。

(4) asksaveasfile()：打开"另存为"对话框，指定文件保存路径和文件名。如果指定了文件名，则返回以"w"方式打开的文件，否则返回 None。

【例 7-24】 打开系统标准的文件对话框。

程序如下：

```
from tkinter import *
from tkinter.filedialog import *
from tkinter.messagebox import *
def bt1click():                                              # 打开文件
    with open(askopenfilename(), encoding='utf-8') as file:  # 选择要打开的文件
        if file:
            filestr=file.read()                              # 获取文件内容
            file.close()
            text1.delete('1.0',END)                          # 删除文本框原有数据
            text1.insert('1.0',filestr)                      # 将文件内容写入文本框
            text1.focus()
def bt2click():                                              # 文件另存为
    filename=asksaveasfilename()                             # 获取写入文件的名字
```

```
    if filename:
        data=text1.get('1.0',END)          # 获取文本框内容
        open(filename,'w').write(data)     # 写入文件
        showinfo(","已成功保存文件 ")
frame1=Frame()
frame1.pack()
bt1=Button(frame1,text=' 打开文件 ...',command=bt1click)
bt2=Button(frame1,text=' 保存文件 ...',command=bt2click)
bt1.grid(row=0,column=0)
bt2.grid(row=0,column=1)
sc=Scrollbar()                             # 创建滚动条
sc.pack(side=RIGHT,fill=Y)
text1=Text(yscrollcommand=sc.set)          # 创建文本框，绑定滚动条
text1.pack(expand=YES,fill=BOTH)
sc.config(command=text1.yview)             # 将文本框内置的垂直滚动方法设置为滚动条回调函数
mainloop()
```

程序输出结果如图 7-34 所示。单击"打开文件..."按钮可打开系统的"打开"对话框选择文件，选中的文件内容显示在文本框中；单击"保存文件..."按钮可打开系统的"另存为"对话框，将文本框中的数据存入文件。

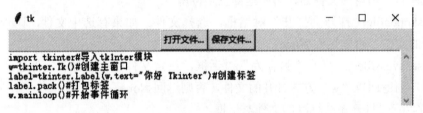

图 7-34   文件对话框

3. 颜色对话框

tkinter.colorchooser 模块的 askcolor() 方法用于打开系统标准的颜色对话框。

当在对话框中选中颜色时，返回一个元组。例如，选中红色，返回的元组为 (255.0,0.0,0.0)，其中的 3 个值分别表示 RGB 颜色值中的红色、绿色和蓝色；'#ff0000' 为十六进制格式的 RGB 颜色值。如果取消了颜色对话框，则返回 (None,None,None)。

【例 7-25】 使用颜色对话框。

程序如下：

```
from tkinter import *
from tkinter. colorchooser import *
win=Tk()
label1=Label(text=" 请单击按钮为标签设置颜色 ",relief=RIDGE)
label1.pack()
```

```
btl=Button(text=" 设置颜色 ")

btl.pack()

label2=Label(relief=RIDGE)

label2.pack()

def choosecolor():

    color=askcolor()

    label2.config(text=" 选择的颜色为 :%s"%color[1])

    label1.config(fg="%s"%color[1])

btl.config(command=choosecolor)

mainloop()
```

程序输出结果如图 7-35 所示。

图 7-35　颜色对话框

▼ 任务实现

解题思路：

对于文本用户界面来说，一个程序需要有输入、处理及输出。在一般程序中，通常使用 input() 函数、print() 函数来进行数据或文件的读入和写出，而在 GUI 界面中，常通过标签控件与输入控件来完成输出与输入。在处理部分，文本用户界面与图形用户界面基本相同，只是图形用户界面通常需要按钮控件等来触发。下面利用文本用户界面程序计算存款利息，并输出结果。

程序如下：

```
def main():

    num1= eval(input(" 请输入本金 :"))

    num2= eval(input(" 请输入年利率 :"))

    num3= eval(input(" 请输入存储年限 :"))

    total=numl*num2*num3

    print(" 利息为 :",total)

main()
```

程序输出结果：

请输入本金 :10000

请输入年利率 :0.001

请输入存储年限

利息为 :10.0

从程序中可以看出，输入的数据有 3 个，分别是本金、年利率和存储年限。而输出则只有 1 个，即利息。若将其改为图形用户界面，则需要 4 个标签控件及 4 个输入控件，用来提示用户并使用户进行输入，除此之外还需一个触发处理过程的按钮控件。因此，我们把它设计为 5 行 2 列的布局形式。

程序如下：

```python
from tkinter import *
def main():
    num1= eval(inputnum1.get())
    num2= eval(inputnum2.get())
    num3= eval(inputnum3.get())
    total=num1*num2*num3
    print(" 利息为 :",total)
    totalnum.set(total)
win=Tk()
win.title(" 存款利息 ")
Label(win,text=" 请输入本金 :").grid(row=0,column=0,pady=5)
inputnum1=StringVar()
entrynum1=Entry(win,width=8,textvariable=inputnum1)
entrynum1.grid(row=0,column=1)
Label(win,text=" 请输入年利率 :").grid(row=1,column=0,pady=5)
inputnum2=StringVar()
entrynum2=Entry(win,width=8,textvariable=inputnum2)
entrynum2.grid(row=1,column=1)
Label(win,text=" 请输入存储年限 :").grid(row=2,column=0,pady=5)
inputnum3=StringVar()
entrynum3=Entry(win,width=8,textvariable=inputnum3)
entrynum3.grid(row=2,column=1)
caculatenum= Button(win,text=" 计算利息 ",command=main)
caculatenum.grid(row=3,column=0,padx=5)
Label(win,text=" 利息为 :").grid(row=4,column=0,pady=5)
totalnum=StringVar()
entrynum4=Entry(win,state="readonly",width=8,textvariable=totalnum)
entrynum4.grid(row=4,column=1)
win.mainloop()
```

程序输出结果如图 7-36 所示。

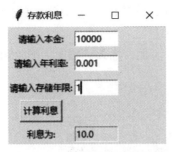

图 7-36　GUI 存款利息计算器

小　结

　　本章首先介绍了使用 tkinter 创建 GUI 应用程序的基础知识，包括组件打包、添加事件处理、Pack 布局、Grid 布局和 Place 布局等主要内容。通过基础知识学习，掌握如何将组件添加到窗口、设置组件属性、在窗口中控制组件位置以及为组件添加事件处理函数等。然后详细介绍了 tkinter 模块中的各种常用组件，使用这些组件可快速创建窗口中的各种界面元素。最后，在任务实现环节使用 tkinter 模块实现 GUI 存款利息计算器的编写。

习　题

程序题

　　1. 制作一个电子时钟，用窗口的 after() 方法实现每隔 1 s，time 模块获取系统当前时间，并在标签中显示出来。输出结果如图 7-37 所示。

图 7-37　电子时钟

　　2. 制作一个如图 7-38 所示的单选按钮窗口。

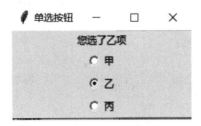

图 7-38　单选按钮窗口

3. 利用复选框实现单击"OK"按钮，可以将选中的结果显示在标签上。输出结果如图 7-39 所示。

4. 利用列表框实现初始化、添加、插入、修改、删除和清空操作。输出结果如图 7-40 所示。

图 7-39　复选框

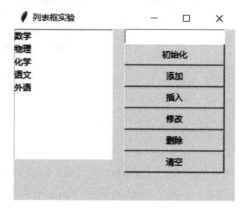

图 7-40　列表框

5. 在主窗体上创建菜单，触发创建一个新的窗体（用 Toplevel 控件可新建一个显示在最前面的子窗体）。输出结果如图 7-41 所示。

图 7-41　主窗体和新的窗体

6. 单击按钮，弹出颜色选择对话框，并将用户所选择的颜色设置为窗体上标签的背景颜色。输出结果如图 7-42 所示。

7. 将标签绑定键盘任意键触发事件并获取焦点，并将按键字符显示在标签上。输出结果如图 7-43 所示。

图 7-42　颜色选择

图 7-43　触发事件

第 8 章

Python 第三方库的使用

 学习内容

- 第三方库的安装方法及介绍。
- 打包工具：pyinstaller。
- 分词工具：jieba。
- 词云工具：wordcloud。
- 图片处理工具：PIL。

技能目标

- 能熟练使用 Python 第三方库安装的 3 种方法。
- 会使用 pyinstaller 库。
- 会使用 jieba 库。
- 会使用 wordcloud 库。
- 会使用 PIL 库。

任务　研习中国四大名著

课程思政

▼ 任务描述

　　中国四大名著，是指《红楼梦》《三国演义》《西游记》《水浒传》这四部巨著。此四部巨著在中国文学史上都有着极高的文学水平和艺术成就，其细致的刻画和所蕴含的深刻思想都为历代读者所称道，其中的故事、场景、人物已经深深地影响了中国人的思想观念、价值取向。本次的任务是使用 Python 编写程序统计名著中人物出现的次数，并生成人物词云图。

▼ **相关知识**

一、第三方库的安装方法及介绍

第三方库是库、模块和模块包等第三方程序的统称。Python 语言有内置标准库和第三方库两类库，内置标准库随 Python 安装包一起发布，用户可以随时使用，第三方库则需要安装后才能使用。

第三方库的安装
方法及介绍

Python 第三方库依照安装方式的灵活性和难易程度有 3 种安装方法，分别是 pip 工具安装方法、.gz 压缩包安装方法和 .whl 文件安装方法。

1. pip 工具安装方法

最常用且最高效的 Python 第三方库安装方法是采用 pip 工具安装方法。pip 是 Python 官方提供并维护的在线第三方库安装工具。pip 是 Python 的命令，需要通过命令行执行，执行 **pip -h** 命令将列出 pip 常用的子命令。需要注意的是，不要在 Python 集成开发环境 (IDLE) 下执行 pip 命令，应在系统命令提示符窗口中执行。

pip 支持安装 (install)、下载 (download)、卸载 (uninstall)、列表 (list)、查看 (show)、查找 (search) 等一系列安装和维护子命令，其命令格式如下：

pip install < 拟安装库名 >

例如，安装 pygame 库，pip 工具默认从网络上下载 pygame 库安装文件并自动安装到系统中，代码如下：

pip install pygame

使用 -U 标签可以更新已安装库的版本，如用 pip 更新本身，代码如下：

pip install -U pip

卸载一个库的命令，以卸载 pygame 库为例，卸载过程可能需要用户确认，代码如下：

pip uninstall pygame

可以通过 list 子命令列出当前系统中已经安装的第三方库，例如：

pip list

pip 的 show 子命令列出某个已经安装库的详细信息，以 pygame 库为例，代码如下：

pip show pygame

pip 的 download 子命令可以下载第三方库的安装包，但并不安装，以下载 pygame 库为例，代码如下：

pip download pygame

pip 的 search 子命令可以联网搜索库名或摘要中的关键字，以查询 installer 库为例，代码如下：

pip search installer

pip 工具安装方法是 Python 第三方库最主要的安装方法，可以安装 90% 以上的第三方库。然而，由于一些历史、技术和政策等原因，还有一些第三方库暂时无法用 pip 安装，此时，需要其他的安装方法。

pip 工具与操作系统有关系，在 Mac 和 Linux 等系统中，pip 工具几乎可以安装任何

Python 第三方库；在 Windows 系统中，有一些第三方库仍然需要用其他方式尝试安装。

2. .gz 压缩包安装方法

.gz 压缩包安装方法是手动下载对应版本的压缩包，压缩包的扩展名为 .gz，解压后再使用 Python 工具安装。下面以下载安装分词工具 jieba 库为例进行介绍。

(1) 打开第三方库官网 (https://pypi.org/) 下载链接。搜索想要安装的第三方库，如图 8-1 所示，输入"jieba"对 jieba 库进行搜索。

图 8-1　第三方库网站主页

(2) 在搜索结果内选择要安装的包，如 jieba 0.42.1，如图 8-2 所示。

图 8-2　jieba 库搜索结果页面

(3) 单击"Download files"选择要下载的类型 (如 rar、tar、gz 等) 下载，如图 8-3 所示。

图 8-3　jieba 0.42.1 库的 Download files 页面

(4) 将下载好的压缩包解压，如解压缩在工作目录"D:\python\ch08"内，解压缩完成后，开始在系统命令提示符窗口用命令 python setup.py install 执行安装。注意在系统命令提示符窗口需要进入到解压缩文件夹目录内，再执行 python setup.py install，步骤如图 8-4 所示。

除了第三方库官网 (https://pypi.org/) 外，还有其他的网站上有相应的第三方库压缩包，读者也可以在网络上搜索得到。

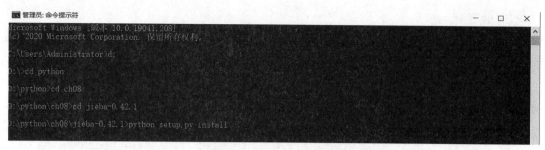

图 8-4　压缩包安装界面

3. .whl 文件安装方法

.whl 文件安装方法与 .gz 压缩包安装方法类似，即手动下载对应版本的 .whl 文件，使用 pip 工具安装。下面以下载安装词云工具 wordcloud 库为例进行介绍。

(1) 打开第三方库官网 (https://pypi.org/) 下载链接。搜索想要安装的第三方库 (如图 8-1 所示)，输入"wordcloud"对 wordcloud 库进行搜索。

(2) 在搜索结果内选择要安装的包，如 wordcloud 1.8.0 ，如图 8-5 所示。

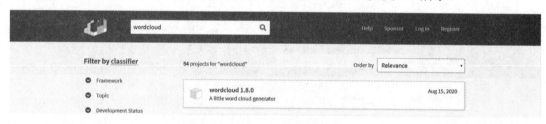

图 8-5　wordcloud 库搜索结果页面

(3) 单击"Download files"选择对应版本的 .whl 文件下载，若电脑是 64 位的 Windows 系统，并且安装的 Python 是 3.9 版本，则在文件列表中下载"wordcloud-1.8.0-cp39-cp39-win_amd64.whl"，如图 8-6 所示。

图 8-6　wordcloud 库的 Download files 页面

(4) 将下载好的 .whl 文件存放好，如存放在工作目录"D:\python\ch08"内，开始在系统命令提示符窗口用 pip 工具执行安装，如图 8-7 所示。

图 8-7　whl 文件安装界面

对于上述 3 种安装方法，一般优先选择采用 pip 工具安装方法，如果安装失败，则选择 .gz 压缩包安装方法或 .whl 文件安装方法。另外，如果需要在没有网络条件下安装 Python 第三方库，则采用 .gz 压缩包安装方法。

4. 第三方库的介绍

Python 拥有丰富的第三方库，如网络爬虫、数据分析、文本处理、数据可视化、用户图形界面、机器学习、Web 开发、游戏开发等，这些都要安装才能使用。Python 安装包自带工具 pip 是安装第三方库最重要的方法，使用也十分方便，本小节列出一些重要的第三方库的用途和 pip 安装指令，如表 8-1 所示。库名是第三方库常用的名字，pip 安装用的名字和库名不一定完全相同，建议采用小写字符。

表 8-1　Python 的第三方库

库　名	用　　途	pip 安装指令
numpy	矩阵运算	pip install numpy
matplotlib	产品级 2D 图形绘制	pip install matplotlib
PIL	图像处理	pip install pillow
sklearn	机器学习和数据挖掘	pip install sklearn
requests	HTTP 协议访问	pip install requests
jieba	中文分词	pip install jieba
beautifulsoup 或 bs4	HTML 和 XML 解析	pip install beautifulsoup4
wheel	Python 文件打包	pip install wheel
pyinstaller	打包 Python 源文件为可执行文件	pip install pyinstaller
django	Python 最流行的 Web 开发框架	pip install django
flask	轻量级 Web 开发框架	pip install flask
werobot	微信机器人开发框架	pip install werobot
networkx	复杂网络和图结构的建模和分析	pip install networkx
sympy	数学符号计算	pip install sympy
pandas	高效数据分析	pip install pandas
pyqt5	基于 Qt 的专业级 GUI 开发框架	pip install pyqt5
pyopengl	多平台 OpenGL 开发接口	pip install pyopengl
pypdf2	PDF 文件内容提取及处理	pip install pypdf2
docopt	Python 命令行解析	pip install docopt
pygame	简单小游戏开发框架	pip install pygame

二、打包工具：pyinstaller

1. pyinstaller 库概述

pyinstaller 是一个打包工具，它可将 Python 程序及其所有依赖项封装为一个包。用户不需要安装 Python 解释器或其他任何模块，即可运行 pyinstaller 打包生成的程序。

打包工具 pyinstaller

2. 安装 pyinstaller

在 Windows 系统中，pyinstaller 需要安装在 Windows XP 或更高版本，同时需要安装两个模块：pywin32(或 pypiwin32) 和 pefile。在 Windows 命令提示符窗口执行"pip install pyinstaller"命令安装 pyinstaller 库。

pip 工具会自动安装 pyinstaller 库需要的其他第三方库，包括 future、pefile、altgraph 及 pywin32。

3. 使用 pyinstaller

pyinstaller 可将 Python 程序及其所有依赖项打包到一个文件夹或一个可执行文件中。

1) 基本命令格式

pyinstaller 在 Windows 命令提示符窗口执行，其基本命令格式如下：

pyinstaller [options] script [script …] | specfile

其中，options 为命令选项，可省略。script 为要打包的 Python 程序的文件名，多个文件名之间用空格分隔。specfile 为规格文件，其扩展名为 .spec。规格文件告诉 pyinstaller 如何处理脚本，它实际上是一个可执行的 Python 程序。

2) 打包到文件夹

首先需确定进行打包的 Python 程序，如打包工作目录"D:\python\ch08\test\"内的 index.py 应用程序，然后在 Windows 命令提示符窗口执行"pyinstaller index.py"命令，在执行"pyinstaller index.py"命令之前，需要进入到 Python 程序所在的目录。打包到文件夹窗口如图 8-8 所示。

图 8-8　打包到文件夹窗口

在命令执行过程中，pyinstaller 首先会分析 Python 和 Windows 的版本信息以及 Python 程序需要的依赖项，然后根据分析结果打包。

"pyinstaller index.py"命令按顺序自动执行下列操作：

(1) 在当前文件夹中创建规格文件 index.spec。

(2) 在当前文件夹中创建 build 子文件夹。

(3) 在 build 子文件夹中写入一些日志文件和临时文件。

(4) 在当前文件夹中创建 dist 子文件夹。

(5) 在 dist 子文件夹中创建 index 子文件夹。

(6) 将生成的可执行文件 index.exe 及相关文件写入 index 子文件夹。

index 子文件夹的内容即为 pyinstaller 打包的结果。

3) 打包为一个可执行文件

在 pyinstaller 命令中使用 "-F" 或 "--onefile" 选项，可将 Python 程序及其所有依赖项打包为一个可执行文件，此处仍以上面的 index.py 程序为例。打包为一个可执行文件的窗口如图 8-9 所示。

图 8-9　打包为一个可执行文件的窗口

pyinstaller 在打包一个可执行文件时，同样会创建规格文件、build 文件夹和 dist 文件夹，dist 文件夹保存打包生成的可执行文件 index. exe。

三、分词工具：jieba

1. jieba 库概述

对于一段英文文本，如 "China is a great country"，如果希望提取其中的单词，只需要使用字符串处理的 split() 函数即可，例如：

分词工具：jieba

```
>>>"China is a great country". split()
[' China', ' is', ' a', ' great', 'country']
```

然而，对于一段中文文本，如 "中国是一个伟大的国家"，获得其中的单词 (不是字符) 十分困难，因为英文文本可以通过空格或者标点符号分隔，而中文单词之间缺少分隔符，这是中文及类似语言独有的 "分词" 问题。如果使用 split() 函数是无法实现的。

jieba(程序员常称为 "结巴") 是 Python 中一个重要的第三方中文分词函数库，例如：

```
>>>import jieba
>>>jieba.lcut(" 中国是一个伟大的国家 ")
[' 中国 ', ' 是 ', ' 一个 ', ' 伟大 ', ' 的 ', ' 国家 ']
```

jieba 库是第三方库，不是 Python 安装包自带的，因此，需要通过 pip 工具安装，具体安装方法请参考 8.1 节。

jieba 库的分词原理是利用一个中文词库，将待分词的内容与分词词库进行比对，通过图结构和动态规划方法找到最大概率的词组。除了分词，jieba 库还提供增加定义中文单词的功能。

jieba 库支持以下 3 种分词模式：

(1) 精确模式：将句子最精确地切开，适合文本分析。

(2) 全模式：把句子中所有可以成词的词语都扫描出来，速度非常快，但是不能消除歧义。

(3) 搜索引擎模式：在精确模式的基础上，对长词再次切分，提高召回率，适合用于搜索引擎分词。

2. jieba 库解析

jieba 库主要提供分词功能，可以辅助自定义分词词典。jieba 库中常用的分词函数如表 8-2 所示。

表 8-2　jieba 库中常用的分词函数

函　　数	描　　述
jieba.cut(s)	精确模式，返回一个可迭代的数据类型
jieba.cut(s,cut_all=True)	全模式，输出文本 s 中所有可能的单词
jieba.cut_for_search(s)	搜索引擎模式，适合搜索引擎建立索引的分词结果
jieba.lcut(s)	精确模式，返回一个列表类型
jieba.lcut(s,cut_all=True)	全模式，返回一个列表类型
jieba.lcut_for_search(s)	搜索引擎模式，返回一个列表类型
jieba.add_word(w)	向分词词典中增加新词 w

在交互模式下使用上述分词函数，例如：

```
>>>import jieba
>>>jieba.lcut(" 中华人民共和国是一个伟大的国家 ")
[' 中华人民共和国 ', ' 是 ', ' 一个 ', ' 伟大 ', ' 的 ', ' 国家 ']
>>>jieba.lcut(" 中华人民共和国是一个伟大的国家 ",cut_all=True)
[' 中华 ', ' 中华人民 ', ' 中华人民共和国 ', ' 华人 ', ' 人民 ', ' 人民共和国 ', ' 共和 ', ' 共和国 ', ' 国是 ',
' 一个 ', ' 伟大 ', ' 的 ', ' 国家 ']
>>>jieba.lcut_for_search(" 中华人民共和国是一个伟大的国家 ")
[' 中华 ', ' 华人 ', ' 人民 ', ' 共和 ', ' 共和国 ', ' 中华人民共和国 ', ' 是 ', ' 一个 ', ' 伟大 ', ' 的 ', ' 国家 ']
```

jieba.lcut(s) 函数返回精确模式，输出的分词能够完整且不多余地组成原始文本。

jieba.lcut(s,cut_all=True) 函数返回全模式，输出原始文本中可能产生的所有词语，冗余性最大。

jieba.lcut_for_search(s) 函数返回搜索引擎模式，该模式首先执行精确模式，然后再对其中的长词进一步切分来获得结果。

在默认情况下，表 8-2 中的 jieba.cut() 等 6 个分词函数能够较高概率识别自定义的新词（如名字或缩写）。例如，在下面的示例中，本书作者的姓名不在词典中，但分词函数能够根据中文字符间的相关性识别为一个词。对于无法识别的分词，我们可以通过 jieba.

add_word() 函数向分词库添加。示例程序如下：

```
>>>import jieba
>>>jieba.lcut(" 小叶老师在努力教学 Python 语言 ")
[' 小叶 ', ' 老师 ', ' 在 ', ' 努力 ', ' 教学 ', 'Python', ' 语言 ']
>>>jieba.lcut(" 老校长期盼有更好的教育 ")
[' 老 ', ' 校长 ', ' 期盼 ', ' 有 ', ' 更好 ', ' 的 ', ' 教育 ']'
>>>jieba.add_word(" 老校长 ")
>>>jieba.lcut(" 老校长期盼有更好的教育 ")
[' 老校长 ', ' 期盼 ', ' 有 ', ' 更好 ', ' 的 ', ' 教育 ']
```

3. 应用实例

有时候，我们会遇到这样的问题：对于一篇给定文章，希望统计其中多次出现的词语，进而概要分析文章的内容。在对网络信息进行自动检索和归档时，也会遇到同样的问题。这就是"词频统计"问题。

从思路上看，词频统计只是累加问题，即对文档中每个词语设计一个计数器，词语每出现一次，相关计数器加 1。如果以词语为键，计数器为值，则构成 < 单词 >：< 出现次数 > 的键值对，使用字典数据类型将很好地解决该问题。

下面采用字典来解决词频统计问题，该问题的 IPO 描述如下：

- 输入：从文件中读取一篇文章。
- 处理：采用字典数据结构统计词语出现频率。
- 输出：文章中出现最多的前 10 个单词及其出现次数。

英文文本以空格或标点符号来分隔词语，获得单词并统计数量相对容易。中文字符之间没有天然的分隔符，需要先对中文文本进行分词，再获得单词并统计数量。

1) 英文词频统计

《哈姆雷特》(*Hamlet*) 是莎士比亚的一部经典悲剧作品，讲述了克劳狄斯叔叔谋害哈姆雷特的父亲并篡取王位，哈姆雷特流浪在外并向叔叔复仇的故事。

获取该故事的文本文件，保存为 "hamlet.txt"。可以从网络上找到，或从本书提供的电子资源中获取。其步骤如下：

(1) 分解并提取英文文章中的单词。同一个单词会存在大小写不同形式，但计数却不能区分大小写，假设 hamlet.txt 文本用变量 txt 表示，可以通过 txt.lower() 函数将文本内的大写字母变成小写，排除原文大小写差异对词频统计的干扰。英文单词的分隔可以是空格、标点符号或者特殊符号，为统一分隔方式，可以将各种特殊字符和标点符号使用 txt.replace() 方法全部替换成空格，再提取单词。

(2) 对每个单词进行计数。假设将单词保存在变量 word 中，使用一个字典类型 counts={} 统计单词出现的次数，可采用如下代码：

```
counts[word]= counts [word] +1
```

当遇到一个新词时，单词没有出现在字典结构中，则需要在字典中新建键值对。

```
counts [new_word]=1
```

因此，无论词是否在字典中，加入字典 counts 中的处理逻辑可以统一表示为：

```
if word in counts:
    counts[word]= counts [word] +1
else:
    counts [new_word]=1
```

或者，这个处理逻辑可以简洁地表示为：

```
counts [word]= counts. get (word,0)+ 1
```

字典类型的 counts.get(word,0) 方法表示：如果 word 在 counts 中，则返回 word 对应的值，如果 word 不在 counts 中，则返回 0。

(3) 对单词的统计值从高到低进行排序，输出前 10 个高频词语，并格式化打印输出。由于字典类型没有顺序，需要将其转换为有顺序的列表类型，再使用 sort() 方法和 lambda() 函数配合实现根据单词出现的次数对元素进行排序。最后输出排序结果前 10 位的单词。

【例 8-1】 *Hamlet* 的英文词频统计。

程序如下：

```
def getText():
    txt = open("hamlet.txt","r").read()        # 读取"hamlet.txt"文本，并赋值给变量 txt
    txt = txt.lower()                          # 把英文字母全部变成小写
    for ch in '!"$%&()*+,-./:;<=>?@[\\]^_{}|·`'":
        txt = txt.replace(ch," ")              # 将文本中特殊字符替换为空格
    return txt
hamletTxt = getText()
words = hamletTxt.split()                      # split() 默认以空格为分隔符，返回列表
counts = {}                                    # 定义一个空字典类型存储单词和对应的出现次数
for word in words:                             # 循环取出单词放到字典中作为键
    counts[word] = counts.get(word,0) +1       # 用键查询出现次数，每出现一次加 1( 如果不存在返回 0)
items = list(counts.items())                   # 取出字典的键和值，并返回列表类型
items.sort(key=lambda x:x[1],reverse=True)     # 记录第二列排序字典中的 value 出现次数
for i in range(10):
    word,count = items[i]
    print("{0:<10}{1:>5}".format(word,count))
```

程序输出结果如图 8-10 所示。

```
the           1138
and            965
to             754
of             669
you            550
i              542
a              542
my             514
hamlet         462
in             436
```

图 8-10 *Hamlet* 的英文词频统计结果

　　观察输出结果可以看到，高频单词大多数是冠词、代词、连接词等语法型词汇，并不能代表文章的含义。再进一步，我们可以采用集合类型构建一个排除词汇库 excludes，在输出结果中排除这个词汇库中的内容。

　　【例 8-2】　在例 8-1 基础上设置排除词汇库，进一步进行 *Hamlet* 的英文词频统计。

　　程序如下：

```
excludes={"the","and","of","you","a","i","my","in"}
def getText():
    txt = open("hamlet.txt","r").read()         # 读取"hamlet.txt"文本，并赋值给变量 txt
    txt = txt.lower()                           # 把英文字母全部变成小写
    for ch in '!"$%&()*+,-./:;<=>?@[\\]^_{}|·'"':
        txt = txt.replace(ch," ")               # 将文本中特殊字符替换为空格
    return txt
hamletTxt = getText()
words = hamletTxt.split()                        # split() 默认以空格为分隔符，返回列表
counts = {}                                      # 定义一个空字典类型存储单词和对应的出现次数
for word in words:                               # 循环取出单词放到字典中作为键
    counts[word] = counts.get(word,0) +1         # 用键查询出现次数，每出现一次加 1( 如果不存在返回 0)
for word in excludes:
    del(counts[word])
items = list(counts.items())                     # 取出字典的键和值，并返回列表类型
items.sort(key=lambda x:x[1],reverse=True)       # 记录第二列排序字典中的 value 出现次数
for i in range(10):
    word,count = items[i]
    print("{0:<10}{1:>5}".format(word,count))
```

程序输出结果如图 8-11 所示。

```
to          754
hamlet      462
it          416
that        391
is          340
not         314
lord        309
his         296
this        295
but         269
```

图 8-11　设置排除词汇库后统计结果

　　再次输出仍然发现了很多语法型词汇，如果希望排除更多的词汇，可以继续增加 excludes 中的内容，逐步完善这个程序功能。

　　2) 中文词频统计

　　《三国演义》中出现了几百个各具特色的人物。每次读这本经典作品都会想一个问题，全书这些人物中谁出场最多呢？我们可以用 Python 解决这个问题。

人物出场统计涉及对词汇的统计，并且中文文章需要分词后才能进行词频统计，这需要用到 jieba 库。分词后的词频统计方法与 *Hamlet* 的英文词频统计方法类似。

获取该故事的文本文件，保存为"三国演义 .txt"。可以从网络上找到，或从本书提供的电子资源中获取。

【例 8-3】《三国演义》人物出场统计。

程序如下：

```
import jieba                     # 导入 jieba 库
txt = open(" 三国演义 .txt", "r", encoding="utf-8").read()   # 读取"三国演义 .txt"文本，并赋值给变量 txt
words = jieba.lcut(txt)          # 进行分词处理并形成列表
counts = {}                      # 构造字典，逐一遍历 words 中的中文单词进行处理，并用字典计数
for word in words:
    if len(word) == 1:
        continue
    else:
        counts[word] = counts.get(word, 0) + 1
items = list(counts.items())        # 取字典的键和值，并返回列表类型
items.sort(key=lambda x:x[1], reverse=True)
for i in range(15):              # 输出前 15 位单词
    word, count = items[i]
    print("{0:<10}{1:<5}".format(word, count))
```

程序输出结果如图 8-12 所示。

```
曹操        953
孔明        836
将军        772
却说        656
玄德        585
关公        510
丞相        491
二人        469
不可        440
荆州        425
玄德曰       390
孔明曰       390
不能        384
如此        378
张飞        358
```

图 8-12　《三国演义》中文词频统计结果

观察输出结果，似乎"曹操"是出场次数最多的人。然而，结果中出现了"玄德""玄德曰"，用户应该知道"玄德"就是"刘备"。同一个人物会有不同的名字，这种情况需要整合处理。同时，与英文词频统计类似，需要排除一些与人名无关的词汇，如"却说""将军"等。

【例 8-4】　在例 8-3 基础上设置排除词汇库以及对同一人物不同名字的处理，进一步对《三国演义》人物出场进行统计。

程序如下：

```
import jieba
txt = open(" 三国演义 .txt", "r", encoding="utf-8").read()
excludes = {" 将军 "," 却说 "," 荆州 "," 二人 "," 不可 "," 不能 "," 如此 "," 主公 ",\
            " 军士 "," 商议 "," 如何 "," 左右 "," 军马 "," 引兵 "," 次日 "," 大喜 ",\
            " 天下 "," 东吴 "," 于是 "," 今日 "," 不敢 "," 魏兵 "," 陛下 "," 一人 ",\
            " 都督 "," 人马 "," 不知 "}               # 排除不是人名的词汇，加到这个排除词汇库中
words = jieba.lcut(txt)
counts = {}
for word in words:                               # 进行人名关联，防止重复
    if len(word) == 1:
        continue
    elif word == " 诸葛亮 " or word == " 孔明曰 ":
        rword = " 孔明 "
    elif word == " 关公 " or word == " 云长 ":
        rword = " 关羽 "
    elif word == " 玄德 " or word == " 玄德曰 ":
        rword = " 刘备 "
    elif word == " 孟德 " or word == " 丞相 ":
        rword = " 曹操 "
    else:
        rword = word
    counts[rword] = counts.get(rword, 0) + 1
for word in excludes:
    del counts[word]
items = list(counts.items())
items.sort(key=lambda x:x[1], reverse=True)
for i in range(5):
    word, count = items[i]
    print("{0:<10}{1:<5}".format(word, count))
```

程序输出结果如图 8-13 所示。

```
曹操        1451
孔明        1383
刘备        1252
关羽        784
张飞        358
```

图 8-13　设置排除词汇库及人名关联后统计结果

其中，在代码第三行增加了排除词汇库 excludes，第十到第十七行增加了同一人物不同名字的处理。

由此可以获得结论，"曹操""孔明"和"刘备"是《三国演义》中出场次数最多的人，他们之间的出场次数不相上下，随后是"关羽"和"张飞"。读者可继续完善程序，排除更多无关词汇干扰，总结出场最多的 20 个人物。

四、词云工具：wordcloud

1. wordcloud 库概述

词云工具：wordcloud

词云是一种可视化的数据展示方法，它根据词语在文本中出现的频率设置词语在词云中的大小、颜色和显示层次等，让人对关键词和数据的重点一目了然。

wordcloud 库是第三方库，不是 Python 安装包自带的，因此，需要通过 pip 指令安装，具体安装方法请参考 8.1 节。wordcloud 库需要 pillow、numpy 等另外的第三方库的支持，如果之前未安装，安装 wordcloud 库会自动安装支持的第三方库。如果要将词云输出到文件，还需要安装 matplotlib 库。

2. wordcloud 库解析

wordcloud 库的核心是 Wordcloud 类，该类封装了 wordcloud 库的所有功能。通常先调用 WordCloud() 函数创建一个 WordCloud 对象，然后调用对象的 generate() 函数生成词云。WordCloud() 函数的基本格式如下：

```
wordcloud.WordCloud(font_path=None,width=400,height=200,margin=2,ranks_only=None,prefer_horizontal=0.9,mask=None,scale=1,color_func=None,max_words=200,min_font_size=4,stopwords=None,random_state=None,background_color='black',max_font_size=None,font_step=1,mode='RGB',relative_scaling='auto',regexp=None,collocations=True,colormap=None,normalize_plurals=True,contour_width=0,contour_color='black',repeat=False,include_numbers=False,min_word_length=0)
```

其主要参数功能如下：

font_path：指定字体文件（可包含完整路径），默认为 None。处理中文词云时需要指定正确的中文字体文件才能在词云中正确显示汉字。

width：指定画布的宽度，默认为"400"。

height：指定画布的高度，默认为"200"。

mask：指定用于绘制词云图形形状的掩码，默认为"None"。

max_words：设置词云中词语的最大数量，默认为"200"。

min_font_size：设置词云中文字的最小字号，默认为"4"。

font_step：设置字号的增长间隔，默认为"1"。

stopwords：设置排除词列表，默认为"None"。排除词列表中的词语不会出现在词云中。

background_color：设置词云的背景颜色，默认为"black"。

max_font_size：设置词云中文字的最大字号，默认为 None。

WordCloud 对象的常用方法如下：

generate(text)：使用字符串 text 中的文本生成词云，返回一个 WordCloud 对象。text 应为英文的自然文本，即文本中的词语按常用的空格、逗号等分隔。中文文本应先分词（如使用 jieba 库），然后将其使用空格或逗号连接成字符串。

to_file(filename)：将词云写入图像文件（即图片文件）。

3. 应用实例

1) 生成英文词云

英文文本可直接调用 generate() 函数来生成词云。

【例 8-5】 生成英文词云图片。

```
import wordcloud                              # 导入 wordcloud 库
text='Larger canvases with make the code significantly slower. If you need a large word cloud, try a lower
canvas size, and set the scale parameter.'
cloud=wordcloud.WordCloud().generate(text)    # 调用 WordCloud() 函数创建对象，再用 generate()
                                                函数生成词云
cloud.to_file('english_cloud.jpg')            # 将词云写入，形成图像文件
```

英文词云图片已生成并与本程序文件存放在同一目录中。打开生成的英文词云图片 english_cloud.jpg，如图 8-14 所示。

图 8-14　英文词云图片

2) 生成中文词云

中文文本应先分词（如使用 jieba 库），然后使用空格或逗号将它们连接成字符串，再调用 generate() 函数来生成词云。

【例 8-6】 生成中文词云图片。

程序如下：

```
import wordcloud                              # 导入 wordcloud 库
import jieba                                  # 导入 jieba 库
str=jieba.lcut(' 中文文本则应先分词，然后将其使用空格或逗号连接成字符串，再调用函数来生成词云 ')
                                              # 使用 jieba 库进行分词
text=' '.join(str)                            # 使用空格将字符串连接
cloud=wordcloud.WordCloud(font_path='simsun.ttc').generate(text)
```

```
# 调用 WordCloud() 创建对象，再用 generate() 函数生成词云，其中 simsun.ttc 是字体，一般系统默认
# 有 simsun.ttc，若没有，则可从网络上找到或从本书提供的电子资源中获取
cloud.to_file('chinese_cloud.jpg')                    # 将词云写入，形成图像文件
```

中文词云图片已生成并与本程序文件存放在同一目录中。打开生成的中文词云图片 chinese_cloud.jpg，如图 8-15 所示。

图 8-15　中文词云图片

3) 使用词云形状

在 WordCloud() 函数中，可使用参数 mask 指定词云图片的形状掩码。形状掩码是 numpy.ndarray 对象，可用 cv2.imread() 函数将形状图片文件读取为 numpy.ndarray 对象。使用 cv2.imread() 函数需安装 cv2 库，具体命令如下：

```
pip install opencv-python
```

【例 8-7】　使用一个五角星图形生成形状掩码，再用其来生成词云图。

提示：本题所用到的图片文件 star.jpg 及字体 stzhongs.ttf，可从本书提供的电子资源中获取。

程序如下：

```
import wordcloud,jieba,cv2          # 导入 wordcloud 库，jieba 库，cv2 库
str=jieba.lcut(' 中文文本则应先分词,然后将其使用空格或逗号连接成字符串,再调用函数来生成词云 ')
                                    # 使用 jieba 库进行分词
text=' '.join(str)                  # 使用空格将分开的字符串连接
img=cv2.imread('star.jpg')          # 使用 cv2 库的 imread() 函数读入形状图像文件，作为形状掩码参数
cloud=wordcloud.WordCloud(font_path='stzhongs.ttf', background_color='white',width=800,height=600,
mask=img).generate(text)
# 调用 WordCloud() 函数创建对象，再用 generate() 函数生成词云，其中 stzhongs.ttf 是字体，一般系统
# 默认有 stzhongs.ttf，若没有，则可从网络上找到或从本书提供的电子资源中获取
file=cloud.to_file('starcloud.jpg')  # 将词云写入，形成图像文件 starcloud.jpg
img2=cv2.imread('starcloud.jpg')     # 读入图像文件
cv2.imshow('wordcloud',img2)         # 显示图像文件
```

词云图片已生成并与本程序文件存放在同一目录中。打开生成的词云图片 starcloud.jpg，与 cv2.imshow() 函数在窗口中显示的词云图片一样，如图 8-16 所示。

图 8-16　按形状生成词云图片

五、图片处理工具：PIL

1. PIL 库概述

PIL(Python Image Library) 库是一个具有强大图像处理能力的第三方库，不仅包含了丰富的像素、颜色操作功能，还可以用于图像归档和批处理。PIL 库是第三方库，不是 Python 安装包自带的，因此，需要通过 pip 工具安装。安装 PIL 库需要注意的是，名字是 pillow，并不是导入时用的名字 PIL，安装格式如下：

图片处理工具：PIL

```
pip install pillow
```

PIL 库支持图像存储、显示和处理，它能够处理几乎所有图片格式，可以完成对图像的缩放、剪裁、叠加、像素处理、颜色处理、批处理、格式转换，以及向图像添加线条和文字等操作。

根据对图像处理功能不同，PIL 库共包括 21 个与图片相关的类，这些类可以被看成是子库或模块，列表如下：

Image、ImageChops、ImageColor、ImageCrackCode、ImageDraw、ImageEnhance、ImageFile、ImageFileIO、ImageFilter、ImageFont、ImageGL、Imagegrab、Imagemath、ImageOps、ImagePalette、Image Path、ImageQt、ImageSequence、ImageStat、ImageTk、ImageWin

2. PIL 库解析

Image 类是 PIL 库中最重要的类，它代表一张图片，引入这个类的方法如下：

```
>>>from PIL import Image
```

在 PIL 库中，任何一个图像文件都可以用 Image 对象表示。表 8-3 给出了 Image 类的图像读取和创建方法。

表 8-3　Image 类的图像读取和创建方法

方　　法	描　　述
Image.open(filename)	根据参数加载图像文件
Image.new(mode,size,color)	根据给定参数创建一个新的图像文件
Image.open(StringIO.StringIO(buffer))	从字符串中获取图像文件
Image.frombytes(mode, size,data)	根据像素点 data 创建图像文件

在通过 Image 类打开图像文件时，图像的栅格数据不会被直接解码或加载，程序只是读取了图像文件头部的数据信息，这部分信息标识了图像的格式、颜色、大小等。

要加载一个图像文件，下面是最简单的形式，其中生成 im 图像对象，之后所有操作对 im 对象起作用。

```
>>>from PIL import Image
>>>im= Image.open(r"d:\ python\ch08\birdnest.jpg")
```

其中，birdnest. jpg 是一张鸟巢的夜景图像，存放在工作目录"D:\python\ch08"内。在 Python 集成开发环境 (IDLE) 下处理图片文件时，建议采用文件的全路径；如果使用 Python 文件形式，则建议采用相对路径，将图片文件和源程序文件存放在同一目录中，例如：

```
from PIL import Image
im= Image.open ("birdnest.jpg")
```

1) 读取、转换、保存图像文件

Image 类有 3 个处理图片的常用属性，如表 8-4 所示。

表 8-4　Image 类的常用属性

属　性	描　　述
Image.format	标识图像格式或来源，如果图像不是从文件读取，值为 None
Image.mode	图像的色彩模式，"L"为灰度图像、"RGB"为真彩色图像、"CMYK"为出版图像
Image.size	图像宽度和高度，单位是像素，返回值是二元元组 (tuple)

查看已经读取的图像文件的属性，例如：

```
>>>print(im.format,im.size,im.mode)
JPEG (499, 284) RGB
```

Image 还能读取序列类图像文件，如 gif 格式文件。open() 方法打开一个图像时自动加载序列中的第一帧，再使用 seek() 和 tell() 方法在不同帧之间移动，如表 8-5 所示。

表 8-5　Image 类的序列图像操作方法

方　法	描　　述
Image.seek(frame)	跳转并返回图像中的指定帧
Image.tell()	返回当前帧的序号

【例 8-8】 gif 格式文件图像提取。对一个 gif 格式文件提取其中各帧图像，并保存为图片文件。

提示：本题所用到的动态图片文件 timg.gif，可从本书提供的电子资源中获取。

程序如下：

```
from PIL import Image
im = Image.open('timg.gif')                        #读入一个 gif 格式文件
try:
```

```
        im.save('picframe{:02d}.png'.format(im.tell()))   # 按动态图像的每帧生成一张 png 格式的图片, 这
                                                          # 里只保存第一帧生成的一张图片

        while True:
            im.seek(im.tell()+1)
            im.save('picframe{:02d}.png'.format(im.tell()))   # 按动态图像的每帧生成一张 png 格式的图
                # 片, 这里从第二帧开始, 利用 while 循环获取图像各帧生成对应的 png 格式的图片
    except:
        print(" 处理结束 ")
```

本例通过 seek() 方法和 save() 方法的配合来提取 gif 格式文件的每一帧, 并保存为 png 格式的图片。

Image 类能够对图像进行格式转换、生成缩略图、调整大小及旋转等操作, 如表 8-6 所示。

表 8-6　Image 类的图像格式转换、生成缩略图、调整大小及旋转方法

方　　法	描　　述
Image.save(filename,format)	将图像保存为 filename 文件名, format 是图片格式
Image.convert(mode)	使用不同的参数, 转换图像为新的模式
Image.thumbnail(size)	创建图像的缩略图, size 是缩略图尺寸的二元元组
Image.resize(size)	按 size 大小调整图像, 生成副本
Image.rotate(angle)	按 angle 角度旋转图像, 生成副本

【例 8-9】　利用 open() 和 save() 方法进行图像的格式转换, 实现以下两个功能:

(1) 将 jpg 格式转换为 png 格式。

(2) 将图像进行缩略, 缩略图尺寸为 (128, 128)。

提示: 本题所用到的图片文件 birdnest.jpg, 可从本书提供的电子资源中获取。

程序如下:

```
from PIL import Image
im=Image.open("birdnest.jpg")          # 读入一个 gif 格式文件
im=im.save("birdnest.png")             # 将 jpg 格式转换为 png 格式
im=Image.open("birdnest.jpg")
im.thumbnail((128,128))                # 生成图像的缩略图 birdnest.jpg
im.save("birdnestTN.jpg","JPEG")       # 保存处理后的图片
```

其中, save() 方法有两个参数, 文件名 filename 和图片格式 format, 如果调用时不指定保存图像格式, 则根据文件名 filename 的扩展名存储图像, 如果指定格式, 则按照格式存储。

2) 图像颜色交换

Image 类能够对每个像素点或者一幅 RGB 图像的每个通道单独进行操作, 如表 8-7 所示。

表 8-7　Image 类的图像像素和通道处理方法

方　法	描　述
Image.point(func)	根据函数 func 的功能对每个元素进行运算，返回图像副本
Image.split()	提取 RGB 图像的每个颜色通道，返回图像副本
Image.merge(mode,bands)	合并通道，其中 mode 表示色彩，bands 表示新的色彩通道

【例 8-10】　交换图像中的颜色。通过分离 RGB 图像的 3 个颜色通道实现颜色交换，如将夜色下的北京鸟巢变成蓝色效果图。

程序如下：

```
from PIL import Image
im = Image.open('birdnest.jpg')
r, g, b = im.split()
om = Image.merge("RGB", (b, g, r))
om.save('birdnestBGR.jpg')
```

操作图像的每个像素点需要通过函数实现，可以采用 lambda() 函数和 point() 方法。

【例 8-11】　去掉北京鸟巢图片的光线。

程序如下：

```
from PIL import Image
im = Image.open('birdnest.jpg')                 # 打开北京鸟巢图片
r, g, b = im.split()                            # 获得 RGB 通道数据
newg = g.point(lambda i: i * 0.9)               # 将 G 通道颜色值变为原来的 0.9 倍
newb = b.point(lambda i: i < 100)               # 选择 B 通道值低于 100 的像素点
om = Image.merge(im.mode, (r, newg, newb))      # 将 3 个通道合并形成新图像
om.save('birdnestMerge.jpg')                    # 输出图片
```

3) 图像的过滤和增强

PIL 库的 ImageFilter 类和 ImageEnhance 类分别提供了过滤图像和增强图像的方法。

(1) ImageFilter 类共提供 10 种预定义图像过滤方法，如表 8-8 所示。

表 8-8　ImageFilter 类的预定义图像过滤方法

方　法	描　述
ImageFilter.BLUR	图像的模糊效果
ImageFilter.CONTOUR	图像的轮廓效果
ImageFilter.DETAIL	图像的细节效果
ImageFilter.EDGE_ENHANCE	图像的边界加强效果
ImageFilter.EDGE_ENHANCE MORE	图像的阈值边界加强效果
ImageFilter.EMBOSS	图像的浮雕效果
ImageFilter.FIND_EDGES	图像的边界效果
ImageFilter.SMOOTH	图像的平滑效果
ImageFilter.SMOOTH_MORE	图像的阈值平滑效果
ImageFilter.SHARPEN	图像的锐化效果

利用 Image 类的 filter() 方法可以使用 ImageFilter 类的预定义过滤方法，使用格式如下：

```
Image.filter (ImageFilter.fuction)
```

【例 8-12】　获取图像的轮廓，使北京鸟巢变得更加抽象、更具想象空间。

程序如下：

```
from PIL import Image
from PIL import ImageFilter
im = Image.open('birdnest.jpg')
om = im.filter(ImageFilter.CONTOUR)
om.save('birdnestContour.jpg')
```

(2) ImageEnhance 类提供了更高级的图像增强方法，如调整色彩度、亮度、对比度锐化等，如表 8-9 所示。

表 8-9　ImageEnhance 类的图像增强方法

方　　法	描　　述
ImageEnhance.enhance(factor)	对选择属性的数值增强 factor 倍
ImageEnhance.Color(im)	调整图像的颜色平衡
ImageEnhance.Contrast(im)	调整图像的对比度
ImageEnhance.Brightness(im)	调整图像的亮度
ImageEnhance.Sharpness(im)	调整图像的锐度

【例 8-13】　增强图像的对比度为初始的 20 倍效果。

程序如下：

```
from PIL import Image
from PIL import ImageEnhance
im = Image.open('birdnest.jpg')
om = ImageEnhance.Contrast(im)
om.enhance(20).save('birdnestEnContrast.jpg')
```

3. 应用实例

本实例将运用 PIL 库制作一张字符画。位图图像是由不同颜色的像素点所组成的规则分布图像，如果采用字符串代替像素点，图像就成为了字符画。

首先自定义一个字符集，将这个字符集替代图像中的像素点，使得每个字符对应图像中的不同颜色，字符的种类越多则越能还原图像中的色彩变化。定义字符集的代码如下：

```
ascii_char=list("$@B%8&WM#*oahkbdpqwmZO0QLCJUYXzcvunxrjft/\|()1{}[]?-_+~<>i!lI;:,\"^`'. ")
```

图像的色彩信息无法被黑白 ASCII 字符直接模拟，可以使用灰度值将彩色图像转换为高质量的黑白文稿。灰度值是指黑白图像中的颜色深度，白色为 255，黑色为 0。这里定义灰度值从大到小依次使用字符集中从左到右的符号，因此，可以直接求出不同灰度值在字符集中对应的字符编号。

下面是定义彩色向灰度的转换公式，其中 R、G、B 分别是像素点的 RGB 颜色值。

```
gray=R*0.2126+G*0.7152+B*0.0722
```

因此，像素点的 RGB 颜色值与字符集的对应函数如下：

```
def get_char(r,g,b,alpha=256):
    if alpha==0:
        return ' '
    gray=int(0.2126*r+0.7152*g+0.0722*b)
    unit=(256.0+1)/len(ascii_char)
    return ascii_char[int(gray/unit)]
```

为了使生成的字符画有最佳效果，可以利用 PIL 库中 Image 类的 resize(size) 函数对图片重新设定大小。size 是一个二元元组，分别表示新图像的高度和宽度。resize() 函数不是简单地改变图像大小，而是将像素点的颜色值在新尺寸下重新排列。

创建一个空字符串 txt，然后利用一个嵌套循环向里面添加字符。im.getpixel() 方法可以返回给定图像的像素点的颜色值，如果图像为多通道，则返回一个 RGB 颜色元组。

最后打印出相应字符画并利用文件的方式保存。

【例 8-14】 做一张心形图片的字符画效果。

提示：本题所用到的心形图片文件 heartshape.png，可从本书提供的电子资源中获取。

程序如下：

```
from PIL import Image
ascii_char=list("$@B%8&WM#*oahkbdpqwmZO0QLCJUYXzcvunxrjft/\|()1{}[]?-_+~<>i!lI;:,\"^`'.")
def get_char(r,g,b,alpha=256):
    if alpha==0:
        return ' '
    gray=int(0.2126*r+0.7152*g+0.0722*b)
    unit=(256.0+1)/len(ascii_char)
    return ascii_char[int(gray/unit)]
def main():
    im=Image.open("heartshape.png")
    WIDTH,HEIGHT=60,45
    im=im.resize((WIDTH,HEIGHT))
    txt=""
    for i in range(HEIGHT):
        for j in range(WIDTH):
            txt+=get_char(*im.getpixel((j,i)))
        txt+='\n'
    print(txt)
    f=open("output.txt",'w')
    f.write(txt)
    f.close()
main()
```

程序输入结果如图 8-17 所示。已生成字符画的文件与本程序文件存放在同一目录中，名为 output.txt。

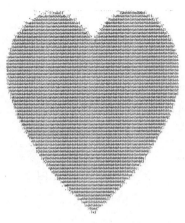

图 8-17　心形图片的字符画效果

▼ 任务实现

解题思路：本任务是统计《红楼梦》中人物出现的次数，并生成人物词云。用分词工具 jieba 库对文档内容进行分词；用词云工具 wordcloud 库生成词云。

提示：本任务所用到的文件，即"红楼梦 .txt"和"star.jpg"，可从本书提供的电子资源中获取。

程序如下：

```
import jieba.posseg as pseg
import wordcloud
import cv2
file=open(' 红楼梦 .txt',encoding='utf-8')          # 指定字符编码确保正确分词
str=file.read()
file.close()
wlist=pseg.lcut(str)                                # 分词，获得词语列表
wtimes={}
cstr=[];sw=[]
for a in wlist:                                     # 统计词语出现的次数
    if a.flag== 'nr' :
        wtimes[a.word]=wtimes.get(a.word,0)+1       # 将词语加入字典并计数
        cstr.append(a.word)
    else: sw.append(a.word)
wlist=list(wtimes.keys())
wlist.sort(key=lambda x:wtimes[x],reverse=True)     # 按数量从大到小排序
```

```
for a in wlist[:10]:                          #输出出场数最多的前 10 名
    print(a,wtimes[a],sep='\t')
text=' '.join(cstr)
img=cv2.imread('star.jpg')
cloud=wordcloud.WordCloud(font_path='simsun.ttc',background_color='white',
                          stopwords=sw,collocations=False,
                          width=800,height=600,mask=img).generate(text)   # 生成词云
file=cloud.to_file('redcloud.png')            # 将词云写入，形成图像文件 redcloud.png
img2=cv2.imread('redcloud.png')               # 读入图像
cv2.imshow('redcloud',img2)                   # 显示图像
```

程序输出结果如图 8-18 所示。已生成图像与本程序文件存放在同一目录中，名为 redcloud.png。

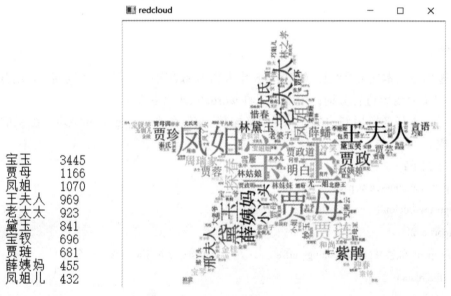

图 8-18 《红楼梦》人物词云图片

宝玉	3445
贾母	1166
凤姐	1070
王夫人	969
老太太	923
黛玉	841
宝钗	696
贾琏	681
薛姨妈	455
凤姐儿	432

小　　结

本章首先介绍了安装 Python 第三方库的 3 种方法：pip 工具安装、.gz 压缩包安装和 .whl 文件安装，并简单介绍了各种第三方库的用途及其安装方法。然后通过实例详细介绍了 pyinstaller 库、jieba 库、wordcloud 库、PIL 库以及它们的应用。pyinstaller 库是一个打包工具，用于将 Python 应用程序及其所有依赖项封装为一个独立的可执行文件，或者打包到独立的文件夹，以便分发给用户；jieba 库用于实现中文分词；wordcloud 库用于生成词云；PIL 库是一个具有强大图像处理能力的第三方库。最后，在任务实现环节结合 jieba 库、wordcloud 库和 PIL 库生成《红楼梦》人物词云。

习　题

一、选择题

1. 下列关于 pip 的说法，错误的是 (　　)。

A. 可用于安装 Python　　　　　　B. 可用于安装第三方库

C. 可用于升级第三方库　　　　　　D. 可用于卸载第三方库

2. 下列关于 jieba 库的描述，错误的是 (　　)。

A. 是一个中文分词 Python 库

B. 基于词库分词

C. 允许使用自定义词典

D. 提供精确模式、模糊模式、全模式和搜索引擎模式

3. 下列关于 wordcloud 库的说法，错误的是 (　　)。

A. 英文字符串可直接生成词云

B. 中文字符串需要先分词，再用空格或逗号等分隔符连接成字符串才能使用

C. 词语在词云中的位置是随机的，不能控制词云形状

D. 可将词云存为图像文件

二、程序题

1. 使用 jieba cut_for_search() 函数对"四川人都爱在早餐吃茶叶蛋"进行分词，分词结果输出在一行中，词语之间用逗号分隔。例如：

四川, 四川人, 都, 爱, 在, 早餐, 吃, 茶叶, 茶叶蛋

2. 使用 jieba_lcut() 函数对"四川人都爱在早餐吃茶叶蛋"进行分词，要求"四川人"作为一个词语出现在分词结果中，分词结果输出在一行，词语之间用逗号分隔。例如：

四川人, 都, 爱, 在, 早餐, 吃, 茶叶蛋

3. 任选一部小说，统计小说人物出现的次数，输出排名前 10 的人名。

4. 任选一部小说，生成小说人物词云。

5. 将实现第 4 小题的 Python 程序打包为一个可执行文件 (.exe 文件)。

第 9 章

Python 面向对象程序设计

 学习内容

- 理解 Python 的面向对象。
- 类和对象。
- 继承。
- 多态。

技能目标

- 会定义类的方法。
- 会创建对象的方法。
- 能在类中定义变量和方法。
- 会实现继承的方法。
- 会实现多态的方法。

任务 编写"过家家"游戏程序

课程思政

▼ 任务描述

　　生活是一个大舞台，我们每个人都有自己的角色和位置，认清自己所扮演的角色和所处的位置，积极适应新环境，才能顺利地工作和生活。本次的任务是使用 Python 编写"过家家"游戏程序，模拟一个普通家庭里各人物角色的日常生活，即以某一个家庭的日常生活为例，使用类来实现一些日常生活的场景。这个家庭由父亲、母亲和儿子三者组成，每个人有自己的姓名、年龄及个人小秘密，通过 print() 函数来实现家庭信息的输出。

理解 Python
的面向对象

▼ 相关知识

一、理解 Python 的面向对象

Python 具有类、对象实例、继承、重载、多态等面向对象的特点，但与 C++、Java 等支持的面向对象的语言又有所不同。

1. 面向对象的基本概念

面向对象的基本概念如下：

(1) 类和对象：描述对象属性和方法的集合称为类，它定义了同一类对象所共有的属性和方法。对象是类的实例，也称为实例对象。

(2) 方法：类中定义的函数，用于描述对象的行为，也称为方法成员。

(3) 属性：类中所有方法之外定义的变量，用于描述对象的特点，也称为数据成员。

(4) 封装：类具有封装特性，其内部实现不被外界知晓，只需要提供必要的接口供外部访问即可。

(5) 实例化：创建一个类的实例对象。

(6) 继承：从一个基类 (也称为父类或超类) 派生出一个子类时，子类拥有基类的属性和方法，称为继承。子类也可以定义自己的属性和方法。

(7) 重写：在子类中定义与父类方法同名的方法，称为子类对父类方法的重写，也称为方法覆盖。

(8) 多态：指不同类型对象的相同行为产生不同的结果。

2. 面向对象的编程思想

在之前的章节中，解决问题的方式是先分析解决这个问题需要的步骤，然后用流程控制语句、函数把这些步骤一步一步地实现出来。这种编程思想被称为面向过程的编程。

面向过程的编程符合人们的思考习惯，容易理解。最初的程序都是使用面向过程的编程思想开发的。随着程序规模的不断扩大，人们不断提出新的需求，面向过程的编程可扩展性低的问题逐渐凸显出来，于是提出了面向对象的编程思想。

面向对象的编程不再根据解决问题的步骤来设计程序，而是先分析谁参与了问题的解决。这里的参与者就被称为对象，对象之间相互独立，但又相互配合、连接和协调，从而共同完成整个程序要实现的任务和功能。

面向对象的编程的一般步骤包括：

- 分析实际问题，分辨并抽取其中的类和对象。
- 设计相应的类，并根据这些类创建各种对象。
- 协调这些对象完成程序功能 (消息)。

二、类和对象

对象是对某个具体客观事物的抽象，类是对对象的抽象描述，在计算机语言中是一种抽象的数据类型。类定义了数据类型的数据 (属性)

类和对象 1

和行为 (方法)，类与对象的关系是：对象是类的实例，类是对象的模板。

1. 使用类创建实例对象

面向对象的编程的基础是对象，对象是用来描述客观事物的。当使用面向对象的编程思想解决问题时，要对现实中的对象进行分析和归纳，以便找到这些对象与要解决的问题之间的相关性。例如，一家银行里有柜员、经理、总经理等角色，他们都是对象，但是他们分别具有各自不同的特征，如他们的职位名称不同、工作职责不同、工作地点不同等。

这些不同的角色对象之间还具备一些共同的特征。例如，所有的银行员工都有名字、工号、工资等特征；此外还有一些共同的行为，如每天上班都要打卡、每个月都领工资等。在面向对象编程中将这些共同的特征 (类的属性) 和共同的行为 (类的方法) 抽象出来，使用类将它们组织到一起。

Python 定义一个类使用 class 关键字声明，类的声明格式如下：

```
class ClassName( ):
    类体              #定义类的属性和方法
```

class 关键字后面的 ClassName 是类名，类的命名方法通常使用单词首字母大写的驼峰命名法。类名后面的 () 表示类的继承关系，可以不填写，表示默认继承 object 类，后面的内容中会详细介绍什么是继承，括号后面接 ":" 表示换行，并在新的一行缩进定义类的属性或方法，称为类体。当然，也可以定义一个没有属性和方法的类，用 pass 关键字。

【例 9-1】 创建一个银行员工的类，这个类不包含任何属性或方法。

实现思路：首先创建工作目录 "D:\python\ch09" (本章所有例题均存放在此目录中)，并在本目录内创建一个名为 test1.py 的文件。代码如下：

```
class BankEmployee():
    pass
```

创建好类之后，就可以使用这个类来创建实例对象。类是抽象的，必须实例化类才能使用类定义的功能，即创建类的对象，如果把类的定义视为数据结构类型定义，那么实例化就是创建了一个这种类型的变量。对象的创建和调用格式如下：

```
变量 = 类名 ( )
```

【例 9-2】 在例 9-1 的基础上，创建两个银行员工实例对象 employee_a 和 employee_b，然后再输出这两个实例对象的类型。

实现思路：使用 BankEmployee 类创建实例对象；再使用 type() 方法查看变量的类型。

程序如下：

```
class BankEmployee():
    pass
employee_a=BankEmployee()
employee_b=BankEmployee()
print(type(employee_a))
print(type(employee_b))
```

程序输出结果：

```
<class '__main__.BankEmployee'>
```

```
<class '__main__.BankEmployee'>
```

从输出结果可以看出，employee_a 和 employee_b 两个变量的类型都是 BankEmployee，说明这两个变量的类型相同，是由 BankEmployee 类创建的两个实例对象。

2. 给类添加方法

完成类的定义之后，就可以给类添加属性和方法。从面向对象的角度，属性表示对象的特征，方法表示对象的行为。本小节先介绍在类中定义方法。

在类中定义方法与之前在程序中定义函数非常类似，实际上类中的方法和函数起到的功能也是一样的，不同之处是一个定义在类外，另一个定义在类内。定义在类外的称为函数，定义在类内的称为类的方法。

实例方法是在类中定义的方法，用来存储描述类的行为的值。实例方法可以被该类中定义的方法使用，也可以通过类创建的实例对象进行使用，即实例方法不能通过类名直接调用，只能通过类创建的实例对象调用。

在类的内部，使用 def 关键字可以为类定义一个方法。方法的声明格式如下：

def 方法名 (self, 方法参数列表)：

　　方法体

从语法上看，类的方法定义比函数定义多了一个参数 self，这在定义实例方法时是必需的。也就是说，在类中定义实例方法，第一个参数必须是 self，这里的 self 代表的含义不是类，而是实例 (对象本身的参数)，也就是通过类创建实例对象后对自身的引用。参数 self 非常重要，在对象内只有通过参数 self 才能调用其他的实例变量或方法。

【例 9-3】　在例 9-1 的基础上给 BankEmployee 类添加两个实例方法，实现员工的打卡签到和领工资两种行为。同时使用 BankEmployee 类创建一个员工对象，并调用他的打卡签到和领工资方法。

分析：某个员工是真实存在的，所以是一个实例对象，因此这两个方法可以被定义为实例方法。

实现思路：

(1) 在 BankEmployee 类中定义打卡签到方法 check_in()，在该方法中调用 print() 函数，输出"打卡签到"。

(2) 在 BankEmployee 类中定义领工资方法 get_salary()，在该方法中调用 print() 函数，输出"领到这个月的工资了"。

(3) 使用 Bank Employee 类创建一个银行员工实例对象 employee。

(4) 使用 employee 调用 check_in() 方法和 get_salary() 方法。

程序如下：

```
class BankEmployee():
    def check_in(self):
        print(" 打卡签到 ")
    def get_salary(self):
        print(" 领到这个月的工资了 ")
```

```
employee=BankEmployee()
employee.check_in()
employee.get_salary()
```

程序输出结果：

```
打卡签到
领到这个月的工资了
```

从以上代码可以看到，实例对象通过"."来调用它的实例方法。调用实例方法时并不需要给 self 参数赋值，Python 会自动把 self 赋值为当前实例对象，因此只需要在定义方法时定义 self 变量，调用时不用再考虑它。

3. 构造方法和析构方法

在类中有两个非常特殊的方法：__init__() 和 __del__()。__init__() 方法会在创建实例对象时自动调用，__del__() 方法会在实例对象被销毁时自动调用。因此 __init__() 被称为构造方法，__del__() 方法被称为析构方法。这两个方法即便在类中没有被显式地定义，实际上也是存在的。在程序中，我们也可以在类中显式地定义构造方法和析构方法。这样就可以在创建实例对象时，在构造方法中添加代码完成对象的初始化；在对象销毁时，在析构方法中添加一些代码释放对象占用的资源。

【例 9-4】 在例 9-3 的基础上给 BankEmployee 类添加构造方法和析构方法，在构造方法中输出"创建实例对象，__init__() 方法被调用"，在析构方法中输出"实例对象被销毁，__del__() 方法被调用"。

实现思路：

(1) 在创建实例对象时，添加自定义代码在类中显式地定义 __init__() 方法。

(2) 在实例对象被销毁时，添加自定义代码在类中显式地定义 __del__() 方法。

(3) 销毁实例对象使用 del 关键字。

程序如下：

```
class BankEmployee():
    def __init__(self):
        print(" 创建实例对象 ,__init__() 方法被调用 ")
    def __del__(self):
        print(" 实例对象被销毁 ,__del__() 方法被调用 ")
    def check_in(self):
        print(" 打卡签到 ")
    def get_salary(self):
        print(" 领到这个月的工资了 ")
employee=BankEmployee()
del employee
```

程序输出结果：

```
创建实例对象 ,__init__() 方法被调用
实例对象被销毁 ,__del__() 方法被调用
```

需要注意的是，在本例中，即便将代码中的 del employee 删除，也会输出"实例对象被销毁，__del__() 方法被调用"。输出的原因是，当程序运行结束时，会自动销毁所有的实例对象，释放资源。

4. 给类添加属性

类的数据成员是在类中定义的成员变量，用来存储描述类的特征的值，称为属性。属性可以被该类中定义的方法访问，也可以通过类或类的实例进行访问。

类和对象 2

类的属性是以变量的形式存在的，在类中可以定义的属性类型分为实例属性和类属性两种。

1) 实例属性

每个实例对象都有自己的属性，通过"self."变量名定义，实例属性属于特定的实例。实例属性在类的内部通过"self."访问，在外部通过对象实例访问。

实例属性初始化：通常在 __init__() 方法中利用"self."对实例属性进行初始化，例如：

self. 实例变量名 = 初始值

在类的内部其他实例函数中，也可通过"self."访问，例如：

self. 实例变量名 = 值

在类外部通过对象实例访问，例如：

obj=className()   # 创建对象
obj. 实例变量名 = 值   # 赋值
obj. 实例变量名   # 读取

在通常情况下，实例属性都定义在构造方法中。这样实例对象在被创建时，实例属性就会被定义、赋值，因而可以在类的任意方法中使用。

在 Python 中的变量不支持只声明不赋值，所以在定义类的属性时也必须给属性赋初值。常用的数据类型的初值如表 9-1 所示。

表 9-1　常用的数据类型的初值

属性类型	初　值
数值类型	value=0
字符串	value=""
列表	value=[]
字典	value={}
元组	value=()

【例 9-5】　在例 9-4 的基础上给 BankEmployee 类添加 3 个实例属性：员工姓名、员工工号和员工工资。将员工姓名赋值为"小强"，员工工号赋值为"a4411"，员工工资赋值为"5000"，然后将员工信息输出。

实现思路：

(1) 为了让实例属性在创建实例对象后可用，则在 __init__() 方法中定义这 3 个属性。

(2) 员工姓名是字符串类型，员工工号是字符串类型，员工工资是数值类型，定义属性时要赋予属性合适的初值。

(3) 创建好实例对象后，完成对实例属性的赋值。

程序如下：

```
class BankEmployee():
    def __init__(self):
        self.name=""
        self.emp_num=""
        self.salary=0
    def check_in(self):
        print(" 打卡签到 ")
    def get_salary(self):
        print(" 领到这个月的工资了 ")
employee=BankEmployee()
employee.name=" 小强 "
employee.emp_num="a4411"
employee.salary=5000
print(" 员工信息如下 :")
print(" 员工姓名 :%s"% employee.name)
print(" 员工工号 :%s"% employee.emp_num)
print(" 员工工资 :%s"% employee.salary)
```

程序输出结果：

```
员工信息如下 :
员工姓名 : 小强
员工工号 :a4411
员工工资 :5000
```

在例 9-5 中，因为 3 个实例属性是在 __init__() 方法中创建的，所以创建实例对象后，就可以对这 3 个属性赋值了。实例属性的引用方法是实例对象后接 ".变量名"，这样就可以给需要的属性赋值。

在类中使用实例属性容易出错的地方是忘记了属性名前的 "self."。如果在编程中缺少了这部分，那么使用的属性就不是实例属性了，而是类的方法中的一个局部属性。局部属性的作用域仅限于方法内部，与实例属性的作用域是不同的。

例 9-5 的代码是先创建实例对象再进行实例属性赋值，这样的写法很烦琐。Python 允许通过给构造方法添加参数的形式，将创建实例对象与实例属性赋值结合起来。

【例 9-6】 通过给 __init__() 方法添加参数，实现与例 9-5 相同的效果。

实现思路：给 __init__() 方法添加 3 个新的参数——name、emp_nun 和 salary，达到在 __init__() 方法中给实例变量赋值的目的。

程序如下：

```python
class BankEmployee():
    def __init__(self,name="",emp_num="",salary =0):
        self.name= name
        self.emp_num=emp_num
        self.salary=salary
    def check_in(self):
        print(" 打卡签到 ")
    def get_salary(self):
        print(" 领到这个月的工资了 ")
employee=BankEmployee(" 小强 ","a4411",5000)
print(" 员工信息如下 :")
print(" 员工姓名 :%s"% employee.name)
print(" 员工工号 :%s"% employee.emp_num)
print(" 员工工资 :%s"% employee.salary)
```

程序输出结果：

员工信息如下 :

员工姓名 : 小强

员工工号 :a4411

员工工资 :5000

从例 9-6 的代码可以看出，当创建实例对象时，实际上调用的就是该对象的构造方法，通过给构造方法添加参数的方式，就能够在创建对象时完成初始化操作。对象的方法和函数一样，也支持位置参数、默认参数和不定长参数。当然，在使用类创建实例对象时，也可以使用关键字参数来传递参数。

在前面的示例中，实例属性是在类的构造方法中创建的。事实上，可以在类中任意的方法内创建实例属性或使用已经创建好的实例属性，通过类中每个方法的第一个参数 self 就能调用实例属性。

【例 9-7】　在例 9-6 的基础上完善打卡和领工资两个实例方法。要求：

(1) 小强打卡时输出"工号 a4411，小强打卡签到"；小强领工资时输出"领到这个月的工资了，5000 元"。

(2) 创建员工实例对象，并使用构造方法初始化实例属性，然后调用打卡签到和领工资两个方法。

实现思路：在实例方法中调用实例属性，需要使用方法的第一个参数 self，因为参数 self 代表了当前的实例对象。

程序如下：

```python
class BankEmployee():
    def __init__(self,name="",emp_num ="",salary=0):
        self.name= name
        self.emp_num=emp_num
```

```
        self.salary = salary
    def check_in(self):
        print(" 工号 %s,%s 打卡签到 "%(self.emp_num,self.name))
    def get_salary(self):
        print(" 领到这个月的工资了 ,%ad 元 "%(self.salary))
employee= BankEmployee(" 小强 ","a4411",5000)
employee.check_in()
employee.get_salary()
```

程序输出结果：

工号 a4411，小强打卡签到

领到这个月的工资了，5000 元

在 Python 中，不但可以在类中创建实例属性，还可以在类外给一个已经创建好的实例对象动态地添加新的实例属性。但是动态添加的实例属性仅对当前实例对象有效，其他由相同类创建的实例对象将无法使用这个动态添加的实例属性。

【例 9-8】 在例 9-7 的基础上创建一个新的员工实例对象。这个员工的姓名是"小宇"，员工工号为"a4422"，员工工资为"4000"。创建这个员工的实例对象后，给它动态添加一个实例属性"年龄"，并赋值为"25"。输出小强和小宇的员工信息。

程序如下：

```
class BankEmployee():
    def __init__(self,name="",emp_num="",salary=0):
        self.name= name
        self.emp_num=emp_num
        self.salary = salary
    def check_in(self):
        print(" 工号 %s,%s 打卡签到 "%(self.emp_num,self.name))
        print(" 领到这个月的工资了 ,%d 元 "%(self.salary))
employee_a= BankEmployee(" 小强 ","a4411",5000)
employee_b= BankEmployee(" 小宇 ","a4422",4000)
employee_b.age= 25
print(" 小强员工信息如下 :")
print(" 员工姓名 :%s"% employee_a.name)
print(" 员工工号 :%s"% employee_a.emp_num)
print(" 员工工资 :%d"% employee_a.salary)
print(" 小宇员工信息如下 :")
print(" 员工姓名 :%s"% employee_b.name)
print(" 员工工号 :%s"% employee_b.emp_num)
print(" 员工工资 :%d"% employee_b.salary)
```

```
print(" 员工年龄 :%d"% employee_b.age)
```

程序输出结果：

小强员工信息如下 :

员工姓名 : 小强

员工工号 :a4411

员工工资 :5000

小宇员工信息如下 :

员工姓名 : 小宇

员工工号 :a4422

员工工资 :4000

员工年龄 :25

在类外给实例对象动态添加实例属性，不使用参数 self，而是使用"实例对象 . 实例变量名"的方式。这种添加方式是动态的，只针对当前实例对象有效，对其他实例对象不会有任何影响。

2) 类属性

实例属性是必须在创建实例对象后才能使用的变量。在某些场景下，我们希望通过类名直接调用类中的属性或者希望所有类能够公用某个属性。在这种情况下，可以使用类变量 (属性)。类属性相当于类的一个全局变量，只要是能够使用这个类的地方都能够访问或修改类属性的值。类属性与实例属性不同，不但可以通过实例对象使用，也可以通过类名使用。其声明格式如下：

```
class 类名 ():
    变量名 = 初始值                    # 定义类变量及赋值
```

【例 9-9】　创建一个可以记录自身被实例化次数的类。

实现思路：

(1) 类记录自身被实例化的次数不能使用实例变量，而要使用类变量。

(2) 创建类时会调用类的 __init__() 方法，在这个方法里对用于计数的类变量加 1。

(3) 销毁类时会调用类的 __del__() 方法，在这个方法里对用于计数的类变量减 1。

程序如下：

```
class SelfCountClass():
    obj_count=0
    def __init__(self):
        SelfCountClass.obj_count +=1
    def __del__(self):
        SelfCountClass.obj_count -=1
list1=[]
create_obj_count=5
destory_obj_count=2
for i in range(create_obj_count):            # 创建 create_obj_count 个 SelfCountClass 实例对象
```

```
    obj=SelfCountClass()
    list1.append(obj)                    # 把创建的实例对象加入列表尾部
print(" 一共创建了 %d 个实例对象 "%(SelfCountClass.obj_count))
for i in range(destory_obj_count):       # 销毁 destory_obj_count 个实例对象
    obj=list1.pop()                      # 从列表尾部获取实例对象
    del obj                              # 销毁实例对象
print(" 销毁部分实例对象后 , 剩余的对象个数是 %d 个 "%(SelfCountClass.obj_count))
```

程序输出结果：

共创建了 5 个实例对象

销毁部分实例对象后 , 剩余的对象个数是 3 个

在例 9-9 中，直接使用类名来调用类变量，这个类名其实对应着一个由 Python 自动创建的对象，这个对象称为类对象，它是一个全局唯一的对象。这里是使用类对象来调用类变量这种调用方式。但是，Python 也允许使用实例对象来调用类变量，可是这样使用有时会造成一些困扰，如下例所示。

【例 9-10】 使用实例对象来调用类变量。

程序如下：

```
class SelfCountClass():
    obj_count=1
obj1= SelfCountClass()
print("赋值前 :")
print("使用实例对象调用 obj_count:",obj1.obj_count)
print("使用类对象调用 obj_count:",SelfCountClass.obj_count)
obj1.obj_count= 10
print("赋值后 :")
print("使用实例对象调用 obj_count:",obj1.obj_count)
print("使用类对象调用 obj_count:",SelfCountClass.obj_count)
```

程序输出结果：

赋值前 :

使用实例对象调用 obj_count: 1

使用类对象调用 obj_count: 1

赋值后 :

使用实例对象调用 obj_count: 10

使用类对象调用 obj_count: 1

在例 9-10 中，给 obj_count 赋值前，使用实例对象和类对象调用 obj_count 的值得到的结果是一样的。这说明实例对象也可以访问类对象。但是给 obj_count 赋值为 10 后，再分别使用实例对象和类对象调用 obj_count 的值得到的结果是不一样的。使用类对象调用 obj_count 的值仍然是 1，说明类变量的值没有改变。使用实例对象调用 obj_count 的值是 10，也就是赋值后的值，此时实际上输出的是实例对象 obj1 动态添加的名为 obj_count 的

实例变量的值，不再是期望的类变量的值。因此，建议使用类对象来调用类变量。

下面总结一下类对象、实例对象、实例变量、类变量这几个概念：

- 类对象对应类名，是由 Python 创建的对象，具有唯一性。
- 实例对象是通过类创建的对象，表示一个独立的个体。
- 实例变量是实例对象独有的，在构造方法内添加或在创建对象后使用、添加。
- 类变量是属于类对象的变量，通过类对象可以访问和修改类变量。

如果在类中类变量与实例变量不同名，那么可以使用实例对象访问类变量。如果在类中类变量与实例变量同名，那么无法使用实例对象访问类变量。使用实例对象无法给类变量赋值，这样将会创建一个新的与类变量同名的实例变量。

三、继承

继承

每个类至少有一个父类，这两个类之间的关系可以描述为"父类 - 子类""超类 - 子类""基类 - 派生类"的关系，是一种"is-a"关系。例如，创建 Person 类，Student 类是 Person 类的一种，存在"is-a"关系。子类是从父类派生出来的类，父类及所有高层类被认为是基类，子类可以继承父类的任何属性。在程序设计中，父类是一个定义好的类，子类会继承父类的所有属性和方法，子类也可以覆盖父类同名的变量和方法。

1. 单继承

在开发程序的过程中，如果我们定义了一个类 A，然后又想建立另一个类 B，但是类 B 的大部分内容与类 A 的相同，我们不可能从头开始写一个类 B，这就用到了类的继承的概念。通过继承的方式新建类 B，让类 B 继承类 A，则类 B 会"遗传"类 A 的所有属性（数据属性和方法属性），那么类 B 可以少写类 A 中已有的代码，实现代码重用。Python 支持单继承与多继承，当只有一个基类时为单继承。单继承的声明格式如下：

```
class 子类类名 ( 父类类名 ):
    类体            # 定义子类的变量和方法
```

如果在类定义中没有指定父类，默认其父类为 object 类。object 类是所有对象的父类，其定义的默认方式为：

```
class Person():
    pass
```

等同于：

```
class Person(object):
    pass
```

【例 9-11】　定义宠物类（即 Pet 类）和继承自 Pet 类的子类（即 Cat 类），使用 Cat 类创建实例对象并调用它的实例方法。Pet 类定义是：Pet 类包含一个实例变量，即宠物主人 owner 变量；Pet 类包含一个实例方法，用于输出宠物主人的名字。

程序如下：

```
class Pet():
```

```
        def __init__(self,owner=" 小强 "):
            self.owner=owner
        def show_pet_owner(self):
            print(" 这个宠物的主人是 %s"%(self.owner))
    class Cat(Pet):
        pass
    cat_1= Cat()
    cat_1.show_pet_owner()
    cat_2=Cat(" 小宇 ")
    cat_2.show_pet_owner()
```

程序输出结果：

这个宠物的主人是小强

这个宠物的主人是小宇

在例 9-11 的代码中，Cat 类本身并没有定义任何的变量或方法，但是它继承了 Pet 类，就自动拥有了 owner 变量和 show_pet_owner() 方法。

【例 9-12】 在例 9-8 的基础上，根据职位创建银行员工类的两个子类——柜员类和经理类。

程序如下：

```
class BankEmployee():
    def __init__(self,name="",emp_num="",salary=0):
        self.name= name
        self.emp_num=emp_num
        self.salary = salary
    def check_in(self):
        print(" 工号 %s,%s 打卡签到 "%(self.emp_num, self.name))
        print(" 领到这个月的工资了 ,%d 元 "%(self.salary))
class BankTeller(BankEmployee):                    # 柜员类
    pass
class BankManager(BankEmployee):                   # 经理类
    pass
bank_teller= BankTeller(" 小兵 ","a4433",6000)
bank_teller.check_in()
bank_manager=BankManager(" 小光 ","a4444",10000)
bank_manager.check_in()
```

程序输出结果：

工号 a4433, 小兵打卡签到

领到这个月的工资了 ,6000 元

工号 a4444, 小光打卡签到

领到这个月的工资了 ,10000 元

例 9-11 和例 9-12 的代码中子类都没有创建自己的构造方法，即 __init__() 方法。当一个类继承了另一个类时，如果子类没有定义 __init__() 方法，就会自动继承父类的 __init__() 方法，如果子类中定义了自己的构造方法，那么父类的构造方法就不会被自动调用。

【例 9-13】 在例 9-12 的基础上，给 BankTeller 类添加 __init__() 方法。观察程序执行结果。

程序如下：

```
class BankEmployee():
    def __init__(self,name="",emp_num="",salary=0):
        self.name= name
        self.emp_num=emp_num
        self.salary = salary
    def check_in(self):
        print(" 工号 %s,%s 打卡签到 "%(self.emp_num,self.name))
        print(" 领到这个月的工资了 ,%d 元 "%(self.salary))
class BankTeller(BankEmployee):                 # 柜员类
    def __init__(self,name="",emp_num="",salary=0):
        pass
class BankManager(BankEmployee):                # 经理类
    pass
bank_teller= BankTeller(" 小兵 ","a4433",6000)
bank_teller.check_in()
bank_manager=BankManager(" 小光 ","a4444",10000)
bank_manager.check_in()
```

程序输出结果：

```
AttributeError: 'BankTeller' object has no attribute 'emp_num'
```

在例 9-13 中给子类 BankTeller 添加了构造方法，运行结果显示程序出错。出错的原因是 emp_num 等实例变量是在父类 BankEmployee 的构造方法中创建的，赋值也是在其中完成的，因为父类的构造方法没有被调用，所以运行时发生了错误。

解决办法很简单，就是在子类中调用父类的构造方法。实现的方式是使用 super() 函数显式地调用父类的构造方法。

【例 9-14】 改进例 9-13。

程序如下：

```
class BankEmployee():
    def __init__(self,name="",emp_num="",salary=0):
        self.name= name
        self.emp_num=emp_num
        self.salary = salary
    def check_in(self):
```

```
        print(" 工号 %s,%s 打卡签到 "%(self.emp_num,self.name))
        print(" 领到这个月的工资了 ,%d 元 "%(self.salary))
class BankTeller(BankEmployee):                    # 柜员类
    def __init__(self,name="",emp_num="",salary=0):
        super().__init__(name,emp_num,salary)
class BankManager(BankEmployee):                   # 经理类
    def __init__(self,name="",emp_num="",salary=0):
        super().__init__(name,emp_num,salary)
bank_teller= BankTeller(" 小兵 ","a4433",6000)
bank_teller.check_in()
bank_manager=BankManager(" 小光 ","a4444",10000)
bank_manager.check_in()
```

2. 子类的变量和方法

子类能够继承父类的变量和方法，作为父类的扩展，子类中还可以定义属于自己的变量和方法。例如经理除了所有员工共有的特征和行为外，还具有自己独有的特征。

【例 9-15】　银行给经理配备了指定品牌的公务车，经理可以在需要的时候使用。实现给 BankManager 类添加对应的变量和方法。

实现思路：

(1) 给经理配备的公务车品牌用一个实例变量 office_car 来保存。

(2) 经理使用公务车是一种行为，需要定义一个方法 use_office_car()。

程序如下：

```
class BankEmployee():
    def __init__(self,name="",emp_num="",salary=0):
        self.name= name
        self.emp_num=emp_num
        self.salary = salary
    def check_in(self):
        print(" 工号 %s,%s 打卡签到 "%(self.emp_num,self.name))
        print(" 领到这个月的工资了 ,%d 元 "%(self.salary))
class BankTeller(BankEmployee):                    # 柜员类
    def __init__(self,name="",emp_num="",salary=0):
        super().__init__(name,emp_num,salary)
class BankManager(BankEmployee):                   # 经理类
    def __init__(self,name="",emp_num="",salary=0):
        super().__init__(name,emp_num,salary)
        self.office_car=""
    def use_office_car(self):
        print(" 使用 %s 牌的公务车出行 "%(self.office_car))
```

```
bank_manager=BankManager(" 小光 ","a4444",10000)
bank_manager.office_car=" 宝马 "
bank_manager.use_office_car()
```

程序输出结果：

使用宝马牌的公务车出行

3. 封装

封装数据的主要原因是保护隐私。封装是一个隐藏属性、方法与方法实现细节的过程。在使用面向对象的编程时，我们会希望类中的变量或方法只能在当前类中调用，对于这样的需求可以采用将变量或方法设置成私有的方式实现。封装的声明格式如下：

对于私有变量：

__变量名

对于私有方法：

__方法名 ( )

设置私有变量或私有方法的办法就是在变量名或方法名前加上 "__"（双下画线），设置私有的目的：一是保护类里的变量，避免外界对其随意赋值；二是保护类内部的方法，不允许从外部调用。对私有变量可以添加供外界调用的普通方法，用于修改或读取变量的值。

私有的变量或方法只能在定义它们的类内部调用，在类外和子类中都无法直接调用。

【例 9-16】　将银行员工类的员工工号和员工姓名两个变量改为私有，并为其添加访问和修改方法。要求员工的工号必须以字母 a 开头。

程序如下：

```
class BankEmployee():
    def __init__(self,name="",emp_num="",salary=0):
        self.__name= name
        self.__emp_num=emp_num
        self.salary = salary
    def set_name(self,name):
        self.__name=name
    def get_name(self):
        return self.__name
    def set_emp_num(self,emp_num):
        if emp_num.startswith("a"):
            self.__emp_num=emp_num
    def get_emp_num(self):
        return self.__emp_num
    def check_in(self):
        print(" 工号 %s,%s 打卡签到 "%(self.emp_num,self.name))
        print(" 领到这个月的工资了 ,%d 元 "%( self.salary))
```

```
class BankTeller(BankEmployee):                    # 柜员类
    def __init__(self,name="",emp_num="",salary=0):
        super().__init__(name,emp_num,salary)
bank_teller=BankTeller(" 小兵 ","a4455",6000)
bank_teller.set_name(" 小冰 ")                    # 修改员工的姓名
bank_teller.set_emp_num("b4466")
print(" 员工的姓名修改为 %s"% bank_teller.get_name())
print(" 员工的工号修改为 %s"% bank_teller.get_emp_num())
```

程序输出结果：

员工的姓名修改为小冰

员工的工号修改为 b4466

将员工工号和员工姓名修改为私有之后，这两个变量就不能在类外被直接修改了。为了操作这两个变量，就需要给它们添加 get 和 set 操作方法。在设置工号时，还需要检验新的工号是否以字母 a 开头，只有将工号设置为私有变量，才能够达到赋值验证的效果，也才能达到代码封装的目的。良好的封装对代码的可维护性会有很大的提升。

在类中还存在方法名前后都有 "_" 的方法，这些方法不是私有方法，而是表明这些方法是 Python 内部定义的方法。开发人员在自定义方法时一定不能在自己的方法名前后都加上 "_"。

4. 多继承

继承能够解决代码重用的问题，但是有些情况下只继承一个父类仍然无法解决所有的应用场景。例如，一个银行总经理同时还兼任公司董事，此时总经理这个岗位就具备了经理和董事两个岗位的职责，但是这两个岗位是平行的概念，是无法通过继承一个父类来表现的，Python 语言使用多继承来解决这样的问题。对应于多继承，前面学习的一个类只有一个父类的情况称为单继承。多继承的声明格式如下：

```
class 子类类名 ( 父类 1, 父类 2):
    类体                # 定义子类的变量和方法
```

【例 9-17】 在银行中经理可以管理员工的薪资，董事可以在董事会上投票来决定公司的发展策略，总经理是经理的同时也是公司的董事。使用多继承实现这 3 个类。

实现思路：

(1) 经理作为一个独立的岗位，创建一个父类，这个类有一个 manage_salary() 方法，实现管理员工薪资的功能。

(2) 董事作为一个独立的岗位，创建一个父类，这个类有一个 vote() 方法，实现在董事会投票的功能。

(3) 总经理是经理和董事两个岗位的结合体，同时具备这两个岗位的功能，因此总经理类作为子类，同时继承经理类和董事类。

程序如下：

```
class BankManager():
```

```
        def __init__(self):
            print("BankManager init")
        def manage_salary(self):
            print(" 管理员工薪资 ")
    class BankDirector():
        def vote(self):
            print(" 董事会投票 ")
        def __init__(self):
            print("BankDirector init")
    class GeneralManager(BankManager,BankDirector):
        pass
    gm=GeneralManager()
    gm.manage_salary()
    gm.vote()
```

程序输出结果：

```
BankManager init
管理员工薪资
董事会投票
```

由此可以看出，总经理类同时继承了经理类和董事类，也就能够同时使用在经理类和董事类中定义的方法。

在学习单继承时，如果子类没有显式地定义构造方法，那么会默认调用父类的构造方法。在多继承的情况下，子类有多个父类，是不是默认情况下所有父类的构造方法都会被调用呢？通过上面的例题可以看出，不是这样的，只有继承列表中的第一个父类的构造方法被调用了，即如果子类继承了多个父类且没有自己的构造方法，则子类会按照继承列表中父类的顺序，找到第一个定义了构造方法的父类，并继承它的构造方法。

四、多态

前面已经学习了封装和继承，面向对象编程的三大特性的最后一个特性是多态。多态一词通常的含义是指能够呈现出多种不同的形式或形态。在编程术语中，它的意思是：向不同对象发送同一条消息，不同对象在接收时会产生不同的行为 (即方法)。消息即为调用函数，不同的行为就是指不同的实现，即执行不同的函数。继承和方法重写是实现多态的技术基础。

多态

1. 方法重写

方法重写是指当子类从父类中继承的方法不能满足子类的需求时，在子类中对父类的同名方法进行重写 (覆盖)，以符合需求。

【例 9-18】 定义狗类，即 Dog 类，它有一个方法，即 work() 方法，代表其工作，狗的工作内容是 " 正在受训 "；创建一个继承狗类的军犬类，即 ArmDog 类，军犬的工作内容是"追击敌人"。

程序如下：

```
class Dog():
    def work(self):
        print(" 正在受训 ")
class ArmyDog(Dog):
    def work(self):
        print(" 追击敌人 ")
dog=Dog()
dog.work()
army_dog=ArmyDog()
army_dog.work()
```

程序输出结果：

```
正在受训
追击敌人
```

在例 9-18 中，Dog 类有 work() 方法，在其子类（即 ArmyDog 类）中根据需求对从父类继承的 work() 方法进行了重新编写，这种方式就是方法重写。虽然都是调用相同名称的方法，但是因为对象类型不同，从而产生了不同的结果。

2. 实现多态

在继承关系中，子类覆盖父类的同名方法，当调用同名方法时，系统会根据对象来判断执行哪个方法，这就是多态性的体现。

【例 9-19】 在例 9-18 的基础上，添加以下 3 个新类：

(1) 没有受训的狗类，即 UntrainedDog 类：继承 Dog 类，不重写父类的方法。

(2) 缉毒犬类，即 DrugDog 类：继承 Dog 类，重写 work() 方法，工作内容是"搜寻毒品"。

(3) 人类，即 Person 类：有一个方法 work_with_dog()，根据与其合作的狗的种类不同，完成不同的工作。

程序如下：

```
class Dog(object):
    def work(self):
        print(" 正在受训 ")
class UntrainedDog(Dog):
    pass
class DrugDog(Dog):
    def work(self):
        print(" 搜寻毒品 ")
class ArmyDog(Dog):
    def work(self):
        print(" 追击敌人 ")
```

```
class Person(object):
    def work_with_dog(self,dog):
        dog.work()
p=Person()
p.work_with_dog(UntrainedDog())
p.work_with_dog(ArmyDog())
p.work_with_dog(DrugDog())
```

程序输出结果：

正在受训

追击敌人

搜寻毒品

Person 类的实例对象调用 work_with_dog() 方法，根据传入的对象类型不同产生不同的执行效果。对于 ArmyDog 类和 DrugDog 类来说，因为重写了 work() 方法，所以在 work_with_dog() 方法中调用 dog.work() 时会调用它们各自的 work() 方法；但是对于 UntrainedDog 类，因为没有重写 work() 方法，在 work_with_dog() 方法中就会调用其父类（即 Dog 类）的 work() 方法。

通过例 9-19 可以发现，多态的优势非常突出，有以下几个方面：

• 可替换性：多态对已存在的代码具有可替换性。

• 可扩充性：多态对代码具有可扩充性。增加新的子类并不影响已存在类的多态性和继承性，以及其他特性的运行和操作。实际上新增子类更容易获得多态功能。

• 接口性：多态是父类向子类提供的一个共同接口，由子类来具体实现。

• 灵活性：多态在应用中体现了灵活多样的操作，提高了使用效率。

▼ 任务实现

解题思路：

一个家庭里有 3 个成员，每个成员有自己的一些特性但又隶属于这个家庭。从编程的角度来看，家庭可以定义为一个父类，父类的属性是家庭每个成员共有的特性，而每个成员为一个子类，子类具有父类的属性之外，还有一些自己特有的属性。

程序如下：

```
import random
class Family():
    # 自定义初始化方法
    def __init__(self,surname,address,income):
        # 设置家庭姓氏
        self.surname=surname
        self.address=address
        self.income=income
```

```python
class Father(Family):
    def __init__(self,name,age):
        # 继承父类的动态属性
        super(Family,self).__init__()
        # 定义动态属性
        self.name= name
        self.age= age
        self.__secret=" 我希望儿子成为画家！ "
    def get_secret(self):
        return self.__secret
    def action(self):
        money=random.randint(100,1000)
        return money
class Mother(Family):
    def __init__(self,name,age):
        # 继承父类的动态属性
        super(Family,self).__init__()
        # 定义动态属性
        self.name=name
        self.age=age
        self.__secret=" 我每天都要为家人做好吃的！ "
    def get_secret(self):
        return self.__secret
    def action(self):
        money=random.randint(100,500)
        return -money
class Son(Family):
    def __init__(self,name,age):
        # 继承父类的动态属性
        super(Family,self).__init__()
        # 定义动态属性
        self.name=name
        self.age=age
        self.__secret=" 我要成为足球运动员！ "
    def get_secret(self):
        return self.__secret
```

```
        def action(self):
            money=random.randint(0,100)
            return -money
if __name__=="__main__":
    # 将 4 个类实例化，生成对象
    family= Family(' 米 ',' 广州市 ',1000)
    father= Father(' 博文 ',35)
    mother= Mother(' 李医生 ',33)
    son=Son(' 小圈 ',10)
    # 家庭的自我介绍
    print(' 这是一个姓 '+family.surname+' 的家庭，他们生活在 '+family.address)
    print(' 我是父亲——'+family.surname+father.name+'，今年 '+str(father.age)+' 岁 ')
    print(' 我是母亲——'+mother.name+'，今年 '+str(mother.age)+' 岁 ')
    print(' 我是儿子——'+family.surname+son.name+'，今年 '+str(son.age)+' 岁 ')
    # 家庭费用开支
    father_money=father.action()
    family.income+=father_money
    print(' 父亲今天赚了 '+str(father_money)+' 元，家庭资产剩余 '+str(family.income))
    mother_money=mother.action()
    family.income+=mother_money
    print(' 母亲今天花了 '+str(-mother_money)+' 元，家庭资产剩余 '+str(family.income))
    son_money=son.action()
    family.income+=son_money
    print(' 儿子今天花了 '+str(-son_money)+' 元，家庭资产剩余 '+str(family.income))
    # 家庭成员的小秘密
    print(' 父亲告诉你一个小秘密 :'+father.get_secret())
    print(' 母亲告诉你一个小秘密 :'+mother.get_secret())
    print(' 儿子告诉你一个小秘密 :'+son.get_secret())
```

上述代码定义了 4 个类，父类是 Family 类，子类分别是 Father 类、Mother 类和 Son 类。代码中调用标准库 random，用于生成随机数字，作为家庭的日常收支情况。我们对代码进行分析说明：

• Family 类用于描述家庭的基本情况，如这个家庭的姓氏、住址和资产。在初始化方法中分别设置动态属性 surname、address 和 income，代表家庭的姓氏、住址和资产。

• Father 类、Mother 类和 Son 类用于描述各个家庭成员。在重写初始化方法的时候，使用 super(Family,self).__init__() 可以把父类的初始化方法所定义的动态属性 surname、address 以及 income 一并继承到子类的初始化方法中。如果不使用 super() 函数，则子类重写初始化方法会覆盖父类的初始化方法。若想子类也继承父类的属性，要么在子类重写初始化方法时重新定义父类的属性，要么就使用 super() 函数继承。

- 每个子类都定义了动态属性 name 和 age，私有属性 __secret 以及普通方法 action()。在子类实例化的时候需要设置动态属性 name 和 age 的属性值，私有属性 __secret 是通过调用普通方法 get_secret() 调用属性值，在调用普通方法 action() 时，就会自动生成一个随机整数并将数值返回，这是用于家庭资产的计算。

在代码的主程序中，通过 print() 函数来实现家庭信息的输出，程序输出结果：

```
这是一个姓米的家庭，他们生活在广州市
我是父亲——米博文，今年 35 岁
我是母亲——李医生，今年 33 岁
我是儿子——米小圈，今年 10 岁
父亲今天赚了 724 元，家庭资产剩余 1724
母亲今天花了 161 元，家庭资产剩余 1563
儿子今天花了 53 元，家庭资产剩余 1510
父亲告诉你一个小秘密：我希望儿子成为画家！
母亲告诉你一个小秘密：我每天都要为家人做好吃的！
儿子告诉你一个小秘密：我要成为足球运动员！
```

小 结

本章介绍了面向对象的程序设计方法，通过实例讲解类、对象的创建，以及属性和方法等基本概念，并进一步描述了面向对象的特性：继承、多态和封装。

对象是对某个具体客观事物的抽象。类是对对象的抽象描述，Python 定义一个类使用 class 关键字声明。类的数据成员是在类中定义的成员变量，用来存储描述类的特征的值，称为属性。属性可以被该类中定义的方法访问，也可以通过类或类的实例进行访问。在类的内部，使用 def 关键字可以为类定义一个方法，与一般函数定义不同，类方法必须包含对象本身的参数，通常为 self，并且为第一个参数。

每个类至少有一个父类，这两个类之间的关系可以描述为"父类 - 子类""超类 - 子类""基类 - 派生类"的关系，是一种"is-a"的关系。向不同对象发送同一条消息，不同对象在接收时会产生不同的行为。封装是对具体对象的一种抽象，即将某些部分隐藏起来，在程序外部看不到，其含义是使其他程序无法调用。

习 题

一、选择题

1. Python 中定义类的关键字是（   ）。

A. def   B. class

C. object　　　　　　　　　　　　　D. __init__

2. 在方法定义中，如何访问实例变量 (　　)。

A. x　　　　　　　　　　　　　　　　B. self.x

C. self[x]　　　　　　　　　　　　　D. self.getX()

3. 下面哪项不是面向对象设计的基本特征 (　　)。

A. 继承　　　　　　　　　　　　　　B. 多态

C. 一般性　　　　　　　　　　　　　D. 封装

4. 下列 Python 语句的运行结果为 (　　)。

```
class Account:
def __init__(self,id):
    self.id=id
    id=888
acc=Account(100)
print(acc.id)
```

A. 888　　　　　　　　　　　　　　B. 100

C. 0　　　　　　　　　　　　　　　D. 出错

5. 下列关于类对象和实例对象的说法，错误的是 (　　)。

A. 类的实例对象可以有很多个

B. 类对象是唯一的

C. 类的数据属性由类的所有实例对象共享

D. 通过类对象和实例对象调用类方法时没有区别

6. 下列关于继承的说法，错误的是 (　　)。

A. 子类可以继承多个父类

B. 在子类方法中可以调用父类的方法

C. 如果子类没有显式地定义构造方法，会默认调用父类的构造方法

D. 父类中的私有属性可以被子类直接调用

7. 下面的程序运行后的输出结果是 (　　)。

```
class Test:
    x=10
a=Test()
b=Test()
a.x=20
Test.x=30
print(b.x)
```

A. 0　　　　　　　　　　　　　　　B. 10

C. 20　　　　　　　　　　　　　　　D. 30

8. 下列关于属性的说法，错误的是（　　）。

A. 实例对象的所有属性均继承自类对象

B. 可为实例对象添加属性

C. 可为类对象添加属性

D. 为类对象添加了属性后，实例对象自动拥有该属性

二、程序题

1. 编写一个程序，要求定义一个名为"Student"的类，该类有一个名为"id"的数据属性和名为"showid"的方法用于输出数据属性 id 的值；创建 Student 类的实例对象 s，将其 id 设置为 10，并用 showid() 方法输出。

2. 请在下面代码中的下画线处补充一条语句，使代码在运行时输出"10 20 30"。

```
class Test:
    data=10
x=Test()
y=Test()
x.data=20

_____

print(Test.data,x.data,y.data)
```

3. 编写一个程序，要求定义一个类，为其定义一个用于存放一个整数列表的数据属性 data，data 初始值为空列表；为类定义一个 sum() 方法，用于计算 data 中所有整数的和。创建本类的实例对象 x，并给属性 data 赋值 [1,2,3,4,5]，最后调用 sum() 方法输出和值。

第 10 章

Python 大数据实战

 学习内容

Python 大数据
实战学习内容
与技能目标

- 安装 Anaconda Python 集成开发环境。
- requests 库的使用。
- bs4 功能包的使用。
- Selenium 库的使用。
- openpyxl 库的使用。
- Python 装饰器。
- 卷积神经网络。
- 利用 torchvision 进行数据生成。
- PyTorch 用法。
- Python 迭代器。

 技能目标

- 能安装 Anaconda 软件和需要使用的软件包。
- 掌握 requests 库的用法。
- 掌握 bs4 功能包的用法。
- 掌握 Selenium 库的用法。
- 掌握 openpyxl 库的用法。
- 掌握 Python 装饰器的使用方法。
- 掌握卷积神经网络的基本组成和工作原理。
- 掌握利用 torchvision 生成数据的方法。
- 掌握 PyTorch 的用法。
- 掌握 Python 迭代器的基本属性和特点，并会自定义迭代器。

任务一　爬取京东上华为手机的信息并保存

课程思政

任务一：爬取京
东上华为手机的
信息并保存

▼ 任务描述

现如今，我们正处于大数据时代，掌握信息就意味着掌握了竞争的主动性，然而网络上的信息十分庞大，个人的分析和提取信息的能力又十分有限，因此如何获取网上烦琐的信息并汇总是我们需要解决的关键问题，我们可以利用 Python 轻松解决此问题。本任务以从京东爬取华为手机信息为例，介绍利用 Python 进行爬取数据和汇总的过程，同时在过程中引入 Python 装饰器，学习利用装饰器修饰函数的方法。

▼ 相关知识

一、安装 Anaconda Python 集成开发环境

Anaconda 是一个开源的 Python 发行版本，其包含了 conda 包管理器、Python 以及大量科学计算和数据科学相关的包及其依赖项，可以方便地管理各种功能包及 Python 环境。打开 Anaconda 中文网 (https://anaconda.org.cn/)，按照指引注册、下载并安装对应平台版本的 Anaconda 即可，如图 10-1 所示。

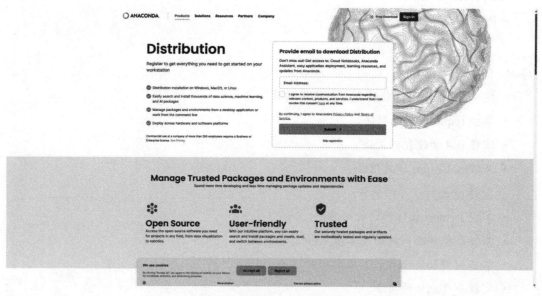

图 10-1　Anaconda 下载主页

Anaconda 安装成功后，在 Windows 11 系统中的内容搜索对话框中输入 Anaconda

Powershell Prompt，并打开 Anaconda Powershell Prompt 终端，如图 10-2 所示。

图 10-2　内容搜索对话框

在 Anaconda Powershell Prompt 终端中安装需要的软件包即可，如图 10-3 所示。

图 10-3　Anaconda Powershell Prompt 终端

二、requests 库的使用

requests 是一个 Python 的 HTTP 客户端库，提供了简单易用的 API 来发送各种 HTTP 请求，被广泛用于网络爬虫、API 接口调用等场景。它支持多种请求方法，如 GET、POST、PUT、DELETE 等。下面是 requests 库的一些基本用法。

1. 安装 requests 库

首先，确保已经安装了 requests 库。如果没有安装，可以通过 pip 安装。

打开 Anaconda Powershell Prompt，输入以下代码安装 requests 功能包：

```
pip install requests
```

2. 发送 GET 请求

GET 请求通常用于请求服务器发送某个资源。发送 GET 请求可以通过 get 方法实现，代码如下：

```
import requests
response = requests.get('https://api.github.com')
```

3. 发送 POST 请求

POST 请求通常用于向服务器提交数据。可以通过 post 方法实现，代码如下：

```
import requests
data = {'key': 'value'}
response = requests.post('https://httpbin.org/post', data=data)
```

其中 data 为提交的数据字典。

4. 响应内容

请求发送后，服务器的响应可以通过 response 对象访问。这些响应内容可以是 HTML 文档、JSON 对象、图片、视频等，具体取决于请求的资源类型。可供打印的响应内容如下：

(1) 文本内容：

```
print(response.text)
```

(2) JSON 响应内容：

```
print(response.json())
```

(3) 响应状态码：

```
print(response.status_code)
```

(4) 响应头：

```
print(response.headers)
```

5. 带参数的 GET 请求

发送带参数的 GET 请求，可以通过 params 参数传递一个字典来实现。requests 库会自动将这个字典编码成查询字符串并附加到 URL 后面。例如：

```
import requests
params = {'key1': 'value1', 'key2': 'value2'}
```

```
response = requests.get('https://httpbin.org/get', params=params)
print(response.url)                              # 查看实际请求的 URL
```

6. 自定义请求头

在发送请求时，经常需要自定义请求头 (Headers)，以模拟不同的浏览器或设备。可以通过 headers 参数来实现。例如，设置 User-Agent 来模拟浏览器请求：

```
import requests
headers = {'User-Agent': 'my-app/0.0.1'}
response = requests.get('https://api.github.com', headers=headers)
```

7. 错误和异常处理

requests 也可以捕获和处理 HTTP 错误。例如：

```
import requests
from requests.exceptions import HTTPError
try:
    response = requests.get('https://httpbin.org/status/404')
    response.raise_for_status()                  # 如果状态码不是 2xx，将抛出 HTTPError
except HTTPError as http_err:
    print(f'HTTP error occurred: {http_err}')    # 打印 HTTP 错误信息
except Exception as err:                         # 这里可以捕获所有其他类型的请求异常，比如连接错误等
    print(f'Other error occurred: {err}')
```

8. 会话对象

使用会话对象 (Session) 可以跨请求保持某些参数或状态。这对于需要跨多个请求维持状态 (如 cookies、headers 或认证信息) 的 Web 应用来说非常有用。下面的代码为 Session 对象设置默认的 headers。

```
import requests
with requests.Session() as session:
    session.headers.update({'User-Agent': 'my-app/0.0.1'})
    response = session.get('https://api.github.com')
```

三、bs4 功能包的使用

1. 安装 bs4

bs4 功能包是用来分析网站内容的，首先，确保已经安装了 beautifulsoup4 库。如果没有安装，同样可以通过 pip 安装：

```
pip install beautifulsoup4
```

2. 导入 BeautifulSoup 类和 requests 库

导入语句如下：

```
from bs4 import BeautifulSoup
```

```
import requests
```

3. 使用 requests 获取网页的 HTML 内容

导入语句如下：

```
url = "http://baidu.com"

response = requests.get(url)

html_content = response.text
```

4. 使用获取的 HTML 内容创建 BeautifulSoup 对象

导入语句如下：

```
soup = BeautifulSoup(html_content, 'html.parser')
```

5. 使用 BeautifulSoup 的搜索方法查找感兴趣的信息

通过标签名查找：

```
find_all()
```

标签是编写网站前端的 html 语言对各种元素（文本、图片、视频、表格）的描述，可以在浏览器中轻松查看网站对应区域的标签。在网页上单击鼠标右键，选择"审查元素"即可查看标签，就可以根据标签提取出需要的内容，如图 10-4 所示。

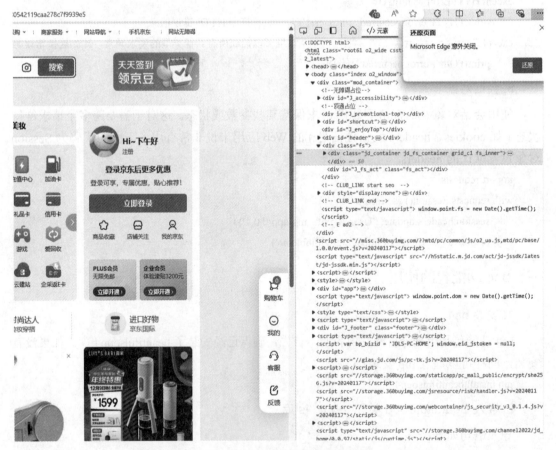

图 10-4　根据标签提取出需要的内容

例如，要返回网页中所有标签为 p 的内容，可以用以下语句获取：

```
all_paragraphs = soup.find_all('p')
```

使用 find 查找单个标签：

```
first_paragraph = soup.find('p')
```

通过 CSS 类查找：

```
soup.find_all('p', class_='outer-text')
```

通过 ID 查找：

```
soup.find(id="first")
```

6. 访问标签内容和属性

获取标签内的文本：

```
text = first_paragraph.text
```

获取标签的属性：

```
link = soup.find('a')
url = link['href']
```

BeautifulSoup 允许通过标签的树形结构导航，如访问父标签或子标签。

访问子标签：

```
body = soup.body
first_paragraph = body.contents[0]
```

访问父标签：

```
parent = first_paragraph.parent
```

7. 高级搜索

BeautifulSoup 提供了强大的搜索功能，如通过 .select() 方法使用 CSS 选择器来查找标签，返回一个列表。

代码如下：

```
soup.select("div.myClass")      # 查找所有 class 为 myClass 的 div 标签
soup.select("p #first")         # 查找所有包含 id 为 first 的 p 标签
soup.select("a[href]")          # 查找所有包含 href 属性的 a 标签
```

四、Selenium 库的使用

有些网站会比较"狡猾"，其网站内容是动态生成的，真实内容不会通过返回内容得到，这时就需要使用浏览器驱动工具包 Selenium。Selenium 是一个用于自动化测试 Web 应用程序的工具库，它支持多种浏览器和编程语言。Selenium 提供了一套用于与浏览器交互的 API，允许测试脚本模拟用户在浏览器中的操作，如打开网页、输入文本、单击按钮等，非常适合进行自动化测试、爬虫开发等任务。以下是 Selenium 的一些核心功能及其使用方法的简要说明。

1. 启动和控制浏览器

Selenium 通过 WebDriver 接口控制浏览器。每种浏览器 (如 Chrome、Firefox、Edge)

都有对应的 WebDriver 实现。

```
from selenium import webdriver
driver = webdriver.Chrome()                    # 启动 Chrome 浏览器
driver = webdriver.Firefox()                   # 启动 Firefox 浏览器
driver = webdriver.Edge()                      # 启动 Edge 浏览器
```

2. 打开网页

使用 driver.get(url) 方法打开指定的 URL。例如，打开百度网页：

```
driver.get("https://www.baidu.com")
```

3. 元素定位

Selenium 使用 By 来定位页面上的元素，通常通过调用 WebDriver 实例的 find_element 方法，并传入 By 类的某个静态方法和相应的定位器字符串作为参数。By 类提供了一系列静态方法，如通过 ID、name、class_name、XPath、CSS 选择器等。示例如下：

```
from selenium.webdriver.common.by import By
element = driver.find_element(By.ID, "element_id")                          # 通过 ID 定位
element = driver.find_element(By.CLASS_NAME, "class_name")                  # 通过类名定位
element = driver.find_element(By.XPATH, "//tagname[@attribute='value']")    # 通过 XPath 定位
element = driver.find_element(By.CSS_SELECTOR, "tagname[attribute='value']") # 通过 CSS 选择器定位
```

4. 元素交互

定位到元素后，可以模拟各种用户操作，如单击、输入文本、获取文本等。示例如下：

```
element.send_keys("text")              # 输入文本
element.click()                        # 单击元素
text = element.text                    # 获取元素文本
```

5. 等待

为了处理网络延迟和元素加载时间，Selenium 提供了显式等待和隐式等待机制。

```
from selenium.webdriver.common.by import By
from selenium.webdriver.support.ui import WebDriverWait
from selenium.webdriver.support import expected_conditions as EC
# 显式等待
element = WebDriverWait(driver, 10).until(
    EC.presence_of_element_located((By.ID, "element_id"))
)
# 隐式等待
driver.implicitly_wait(10)             # 等待 10 s
```

6. 网页导航

Selenium 可以模拟浏览器的前进、后退和刷新操作。

```
driver.back()                          # 后退
driver.forward()                       # 前进
driver.refresh()                       # 刷新
```

7. 关闭浏览器

完成操作后，一定注意要关闭浏览器窗口或退出整个浏览器进程。

```
driver.close()                          # 关闭当前窗口
driver.quit()                           # 退出浏览器
```

五、openpyxl 库的使用

openpyxl 是一个 Python 库，用于读取和写入 Excel 2010 xlsx/xlsm/xltx/xltm 文件。以下是 openpyxl 的一些核心功能及其使用方法的简要说明。

1. 创建和保存工作簿

首先，使用 import openpyxl 导入 openpyxl 库。

创建一个新的工作簿，代码如下：

```
wb = openpyxl.Workbook()
```

保存工作簿，代码如下：

```
wb.save("example.xlsx")
```

2. 打开现有工作簿

使用 .load_workbook() 方法打开一个现有的工作簿，示例如下：

```
wb = openpyxl.load_workbook("example.xlsx")
```

3. 操作工作表

工作表的常见操作有创建、选择、复制工作表，以及获取工作表的名称。

创建新的工作表示例：

```
ws = wb.create_sheet("Sheet2")
```

选择工作表示例：

```
ws = wb["Sheet2"]
```

获取工作表的名称示例：

```
sheet_names = wb.sheetnames
```

复制工作表示例：

```
source = wb["Sheet2"]
target = wb.copy_worksheet(source)
```

4. 读写单元格

写入单元格有以下两种方法，示例如下：

```
ws['A1'] = "Hello"
ws.cell(row=2, column=2, value="World")
```

读取单元格也有两种方法，示例如下：

```
print(ws['A1'].value)
print(ws.cell(row=2, column=2).value)
```

5. 行和列操作

遍历行示例：

```
for row in ws.iter_rows(min_row=1, max_row=2, min_col=1, max_col=2):
    for cell in row:
        print(cell.value)
```

遍历列示例：

```
for col in ws.iter_cols(min_row=1, max_row=2, min_col=1, max_col=2):
    for cell in col:
        print(cell.value)
```

插入行：

```
ws.insert_rows(2)
```

删除行：

```
ws.delete_rows(2)
```

插入列：

```
ws.insert_cols(2)
```

删除列：

```
ws.delete_cols(2)
```

6. 格式设置

在 openpyxl 中，单元格格式设置主要使用 openpyxl.styles 模块中的类和方法。首先导入该模块中所需的样式类，如 Font、Alignment 等，代码如下：

```
from openpyxl.styles import Font, Color, Alignment
```

然后，为单元格设置字体，代码如下：

```
ws['A1'].font = Font(name='Calibri', size=11, bold=True, italic=False, color="FF0000")
```

为单元格设置对齐方式，代码如下：

```
ws['A1'].alignment = Alignment(horizontal="center", vertical="center")
```

7. 合并和拆分单元格

合并单元格：

```
ws.merge_cells('A1:B2')
```

拆分单元格：

```
ws.unmerge_cells('A1:B2')
```

8. 公式

在单元格中输入公式，示例如下：

```
ws['A1'] = "=SUM(1, 2)"
```

openpyxl 提供了丰富的接口来处理 Excel 文件，包括但不限于上述功能。通过这些功能，可以实现复杂的 Excel 文件操作，如数据分析、报表生成等。

六、Python 装饰器

Python 装饰器是一种高级的 Python 功能，允许用户在不修改原有函数定义的情况下，给函数增加额外的功能。装饰器本质上是一个函数，它接收一个函数作为参数并返回一个新的函数。装饰器可以用于日志记录、性能测试、事务处理、缓存、权限校验等场景。

使用 Python 装饰器的基本步骤如下：

(1) 定义装饰器函数。装饰器函数通常接收一个函数作为参数，并定义一个内部函数，内部函数会调用原始函数 (即作为参数的函数) 并添加额外的功能。

(2) 应用装饰器。使用 @ 符号，紧跟装饰器函数名，放在目标函数的定义之前。

【例 10-1】　简单的日志记录装饰器。

① 定义装饰器，代码如下：

```
def log_decorator(func):
    def wrapper(*args, **kwargs):
        print(f" 正在执行 : {func.__name__}")
        result = func(*args, **kwargs)
        print(f"{func.__name__} 执行完成 ")
        return result
    return wrapper
```

② 应用装饰器，代码如下：

```
@log_decorator
def add(a, b):
    return a + b
```

实际上这种用法相当于代码 add = log_decorator(add)，即在之前的 add 上重新生成一个新的函数 add。

③ 调用函数，代码如下：

```
print(add(10, 5))
```

输出结果如下：

```
正在执行 : add
add 执行完成
15
```

装饰器的高级用法有以下 3 种：

· 带参数的装饰器：如果想让装饰器接收自定义参数，则需要在装饰器外再包裹一层函数。

· 类装饰器：使用类定义装饰器，需要实现 __call__ 方法。

· 堆叠装饰器：装饰器可以一个接一个地堆叠起来，也被称为装饰器链。在一个函数上应用多个装饰器时，它们的执行顺序是从最近的装饰器开始向上 (即离函数定义最近的装饰器首先被调用)。

装饰器是 Python 中一个强大而灵活的工具，能够以非侵入式的方式为函数或方法添加额外的功能，同时不对原有代码进行修改，从而实现对代码功能的扩展和相应的保护。

▼ 任务实现

1. 导入需要的包

爬取数据和汇总过程中，需要先导入所需的库和包，代码如下：

```python
import requests
from bs4 import BeautifulSoup
import openpyxl
from selenium import webdriver
import time
from selenium.webdriver.common.by import By
```

2. 爬取网站数据

首先下载浏览器驱动器并保存至指定位置，使用 Selenium 启动 Edge(可根据你的浏览器种类进行修改)，代码如下：

```python
driver = webdriver.Edge()
```

然后打开网页，代码如下：

```python
driver.get('https://search.jd.com/Search?keyword=%E5%8D%8E%E4%B8%BA&qrst=1&ev=exbrand_%E5%8D%8E%E4%B8%BA%EF%BC%88HUAWEI%EF%BC%89%5E&pvid=7f54dcc05f5e427fad8c4e9be6ff60b7&isList=0&page=1&s=1&click=1&log_id=1719020103210.5061')
```

进入目标网站需要登录，定位并输入账号，代码如下：

```python
username_input = driver.find_element(By.ID,'loginname')   # 第二个参数是元素的 ID，要根据网页源代码的内容进行修改
username_input.send_keys(' 你的账户 ')
```

定位并输入密码，代码如下：

```python
password_input = driver.find_element(By.ID, 'nloginpwd')
password_input.send_keys(' 你的密码 ')
```

定位登录按钮并单击，代码如下：

```python
login_button = driver.find_element(By.ID, 'loginsubmit')
login_button.click()
```

等待页面加载完成，代码如下：

```python
time.sleep(20)          # 根据网速和网页响应速度调整等待时间
```

获取网页源代码，代码如下：

```python
html = driver.page_source
driver.quit()           # 关闭浏览器
```

3. 定义一个装饰器，获取函数运行的间隔

首先定义 timeit() 装饰器，代码如下：

```
def timeit(func):
    def wrapper(*args, **kwargs):
        start_time = time.time()        # 开始时间
        result = func(*args, **kwargs)  # 执行函数
        end_time = time.time()          # 结束时间
        print(f"{func.__name__} 运行时间 : {end_time - start_time:.2f} 秒 ")
        return result
    return wrapper
```

再使用函数 timeit 修饰目标函数，代码如下：

```
@timeit
```

4. 从网页内容提取需要的信息并保存

定义函数，从网页内容提取华为手机的相关信息，并保存为 excel 文件，然后调用该函数。代码如下：

```
def extract_goods_info(html):
    soup = BeautifulSoup(html, 'html.parser')
    goods_list = soup.find_all('li', class_='gl-item')
    wb = openpyxl.Workbook()            # 创建新的工作簿
    sheet = wb.active
    sheet.title = ' 华为手机信息 '
    sheet.append([' 商品名称 ', ' 价格 ', ' 评论数 ', ' 商家 ', ' 链接 '])
    for goods in goods_list:
        # 提取相应内容
        name = goods.find('div', class_='p-name').em.text
        price = goods.find('div', class_='p-price').i.text
        commit = goods.find('div', class_='p-commit').strong.a.text
        shop = goods.find('div', class_='p-shop').span.a.text
        link = goods.find('div', class_='p-name').a['href']
        sheet.append([name, price, commit, shop, link])
    wb.save(' 华为手机信息 .xlsx')          # 保存工作簿
    print(' 保存成功！ ')
extract_goods_info(html)
```

运行后会在代码的当前路径下生成一个"华为手机信息 .xlsx"的 excel 文件，如图 10-5 所示。

	A	B	C	D	E	F	G	H	I	J
1	商品名称	价格	评论数	商家	链接					
2	手机华为m	2999.00	200+	环都聚鑫手	//item.jd.com/10102225457343.html					
3	华为原装6	29.90	200万+	华为京东自	//item.jd.com/100009344217.html					
4	华为（HUA	159.00	100万+	华为京东自	//item.jd.com/100057734132.html					
5	华为HUAWE	499.00	20万+	华为京东自	//item.jd.com/100067834684.html					
6	华为FreeB	449.00	10万+	华为京东自	//item.jd.com/100083817349.html					
7	Hi nova可	2199.00	2000+	甄选手机数	//item.jd.com/10080775110219.html					
8	【24期免息	1999.00	200+	甄选手机数	//item.jd.com/10067892327875.html					
9	华为【高考	949.00	2万+	华为京东自	//item.jd.com/100096950661.html					
10	华为畅享	1599.00	10万+	华为京东自	//item.jd.com/100081500557.html					
11	华为手机m	2388.00	1000+	启航手机专	//item.jd.com/10101990899074.html					
12	HUAWEI Pu	7999.00	5万+	华为京东自	//item.jd.com/100107613744.html					
13	华为畅享	999.00	20万+	华为京东自	//item.jd.com/100076513603.html					
14	华为mate6	2478.00	2000+	华百采手机	//item.jd.com/10095694341431.html					
15	HI NOVA可	1999.00	1000+	京创佳品数	//item.jd.com/10094976016076.html					
16	HUAWEI Pu	5999.00	5万+	华为京东自	//item.jd.com/100095516763.html					
17	已购买商品	3999.00	5万+	华为京东自	//item.jd.com/100075808779.html					
18	HUAWEI Pu	6999.00	5万+	华为京东自	//item.jd.com/100107613740.html					
19	HUAWEI Pu	7999.00	5万+	华为京东自	//item.jd.com/100107613714.html					
20	【免息】华	2598.00	500+	京采优选数	//item.jd.com/10101818412919.html					
21	华为手机华	2299.00	37	桔子手机专	//item.jd.com/10105577836526.html					
22	HUAWEI Pu	6999.00	2万+	华为京东自	//item.jd.com/100095516785.html					
23	华为 Mate	2399.00	200+	丰雨手机远	//item.jd.com/10096282233561.html					
24	爱心东东华	7799.00	200+	川联手机专	//item.jd.com/10098499363611.html					
25	HUAWEI Pu	10999.00	2万+	华为京东自	//item.jd.com/100108118384.html					
26	华为mate6	2529.00	500+	京严选手机	//item.jd.com/10099796384180.html					
27	HUAWEI Pu	7999.00	5万+	华为京东自	//item.jd.com/100095516759.html					
28	华为nova	2899.00	10万+	华为京东自	//item.jd.com/100078738941.html					
29	HUAWEI Pu	5499.00	5万+	华为京东自	//item.jd.com/100108284460.html					
30	华为畅享	1449.00	1万+	京东手机设	//item.jd.com/100087551516.html					

图 10-5　华为手机信息 .xlsx 文件的内容

课程思政

任务二　利用 PyTorch 进行图像识别

▼ **任务描述**

图像识别是计算机视觉领域的一个重要分支，它旨在识别图像中的对象、场景和特征。图像识别技术被广泛应用于各个领域，如自动驾驶、医疗诊断、安全监控等。

任务二：利用 PyTorch 进行图像识别

在过去的几十年里，图像识别技术发展迅速，从基于手工特征提取的方法发展到深度学习方法。深度学习方法在近年来取得了显著的进展，尤其是卷积神经网络 (Convolutional Neural Networks，CNN) 在图像识别任务中的表现突出。

图像识别的核心概念包括：

(1) 图像处理：对图像进行预处理、增强、分割等操作，以提高识别的准确性和效率。

(2) 特征提取：从图像中提取有意义的特征，以便于识别。

(3) 分类：根据特征信息将图像分为不同的类别。

(4) 检测：在图像中识别特定的目标或物体。

本项目将带领读者利用 torchvision、PyTorch 等工具包实现一个简单的图像识别程序。本任务主要使用 CIFAR10 数据集进行模型训练和测试，主要内容包括：

(1) 通过 torchvision 工具包加载 CIFAR10 数据集，并生成训练集和测试集；

(2) 使用 PyTorch 工具包构建卷积神经网络模型，进行模型训练和测试。

▼ **相关知识**

一、卷积神经网络

1. 应用领域

卷积神经网络作为一种强大的深度学习模型，在多个领域有着广泛的应用。以下是一些主要的应用领域及其具体说明。

1) 图像识别

(1) 物体识别：CNN 能够自动学习图像中的特征，实现对图像中物体的分类和识别，如猫、狗、汽车等。这在自动驾驶、智能监控等领域具有重要应用。

(2) 人脸识别：通过训练 CNN 模型，可以实现对人脸的检测、识别和验证。这在安防、移动支付等领域具有广泛应用。

(3) 医学图像分析：CNN 在医学图像分析中也取得了显著成果，如乳腺癌、肺癌等病变的检测和诊断。

(4) 场景识别：CNN 能够识别图像中的场景，如海滩、山脉、城市等，在旅游推荐、地理信息系统等领域具有应用价值。

2) 视频分析

(1) 行为识别：通过分析视频中的人物行为，CNN 可以实现对运动、手势、表情等的识别，在智能监控、人机交互等领域有重要作用。

(2) 事件检测：CNN 能够识别视频中的异常事件，如火灾、交通事故等，在智能监控、安全预警等领域具有重要价值。

(3) 视频摘要：通过提取视频中的关键帧和关键事件，CNN 可以实现对视频内容的快速浏览和理解。

3) 自然语言处理

(1) 情感分析：CNN 可以分析文本中的情感倾向，用于判断评论、评价等的正负面。

(2) 文本分类：对新闻、文章等文本进行分类，有助于信息的快速检索和组织。

(3) 机器翻译：通过学习不同语言之间的映射关系，CNN 可以实现对文本的自动翻译。

4) 生物信息学

(1) 基因序列分析：CNN 通过分析基因序列中的模式和特征，可以预测基因的功能和表达。

(2) 蛋白质结构预测：通过学习蛋白质序列和结构之间的关系，CNN 可以预测蛋白质的三维结构。

5) 语音识别

(1) 语音转文字：CNN 可以将语音信号转换为文本，实现语音的自动记录和转写。

（2）语音情感识别：通过分析语音中的情感特征，CNN 可以实现对语音情感的识别和分类。

6）推荐系统

（1）用户行为分析：CNN 通过分析用户的浏览、点击、购买等行为，可以预测用户的兴趣和偏好。

（2）物品特征提取：通过学习物品的图像、文本等特征，CNN 可以提取物品的关键属性，用于推荐和排序。

7）游戏 AI

（1）视觉感知：CNN 可以处理游戏画面，理解游戏环境。

（2）决策制定：通过学习游戏规则和策略，CNN 可以制定游戏角色的决策。

（3）交互学习：通过与玩家的交互，CNN 可以学习玩家的行为和偏好，优化和改进游戏 AI。

8）艺术创作

（1）风格迁移：CNN 可以将一种艺术风格迁移到另一种艺术作品上，实现艺术作品的创新和变化。

（2）艺术生成：通过学习艺术作品中的元素和结构，CNN 可以生成新的艺术作品。

9）遥感图像分析

（1）地形识别：CNN 通过分析遥感图像中的地形特征，实现对地形的分类和识别。

（2）植被分析：通过学习植被的光谱特征，CNN 可以估算植被覆盖度、生物量等。

（3）水体检测：CNN 能够识别遥感图像中的水体特征，实现对湖泊、河流等水体的检测和分析。

综上所述，卷积神经网络凭借其强大的特征提取和分类能力，在多个领域展现出广泛的应用前景。随着深度学习技术的不断发展，卷积神经网络的应用领域还将不断扩展和深化。本任务将主要学习和探索卷积神经网络在图像识别上的应用。

2. CNN 基本组成和工作原理

1）CNN 基本组成

（1）卷积层 (Convolutional Layer)。卷积层是 CNN 中的核心组件，它通过卷积运算对输入数据进行特征提取，主要步骤如下：

① 使用一系列可学习的过滤器 (或称为卷积核) 对输入数据进行卷积操作，提取特征。

② 每个过滤器负责从输入数据中检测特定类型的特征。

③ 卷积操作通过在输入数据上滑动过滤器窗口并计算窗口与过滤器元素的点积来完成。

（2）激活层 (Activation Layer)。通常在每个卷积层之后使用激活函数，如 ReLU(Rectified Linear Unit，修正线单元)、sigmoid 函数来增加网络的非线性能力，使其能够学习更复杂的特征。它在 CNN 中扮演着至关重要的角色，使 CNN 能够学习数据中的非线性关系，能够选择性地关注重点信息，加速神经网络的训练过程，提高收敛速度。

(3) 池化层 (Pooling Layer)。池化层用于减少特征图的空间尺寸，降低参数数量和计算量，同时保持特征不变性。常见的池化操作有最大池化 (Max Pooling) 和平均池化 (Average Pooling)。

(4) 全连接层 (Fully Connected Layer)。在 CNN 的最后几层通常使用全连接层，其将前一层的输出转化为最终的类别分数或其他目标值。在全连接层之前，通常会有一个或多个"展平"操作，将多维的特征图转换为一维向量。

2) 工作原理

(1) 特征提取：CNN 通过卷积层和池化层自动学习输入数据的层次化特征表示。在网络的初级阶段，CNN 可能只能识别简单的特征，如边缘和角点。但是在网络的更深层次，它能够识别更复杂的特征，如物体的部分和整体结构。

(2) 分类或回归：经过一系列的卷积、激活和池化操作后，CNN 使用全连接层对提取的特征进行分类或回归分析。

二、利用 torchvision 进行数据生成

torchvision.datasets 是 PyTorch 中的一个模块，提供了加载和处理常见数据集的方法。这个模块支持多种标准数据集，如 CIFAR10、MNIST、ImageNet、COCO 等。其中，CIFAR10 数据集是一个常用的图像识别数据集，主要用于图像分类任务。该数据集由多伦多大学的 Alex Krizhevsky 和 Geoffrey Hinton 等人创建。CIFAR10 包含 10 个类别，每个类别有 6000 张 32 像素 × 32 像素的彩色图像，总共 60 000 张图像。数据集分为 50 000 张训练图像和 10 000 张测试图像。CIFAR10 中图像的类别包括飞机、汽车、鸟、猫、鹿、狗、青蛙、马、船和卡车。CIFAR10 数据集在计算机视觉研究和教学中具有重要地位，其提供了一个挑战性的基准来测试和比较模型性能。研究者们常利用 CIFAR10 来开发和比较不同的图像分类模型。

1. 基本用法

(1) 导入必要的模块：首先导入 torchvision.datasets。

(2) 选择数据集：本项目使用 CIFAR10 数据集，可以使用 datasets.CIFAR10 函数来导入该数据集。

(3) 下载和加载数据集：指定数据集的根目录、是否下载、是否为训练集以及数据转换 (transforms)。

(4) 创建数据加载器：使用 torch.utils.data.DataLoader 来创建数据加载器，这样可以在训练模型时批量加载数据。

【例 10-2】　使用 CIFAR10 数据集生成训练集和测试集。

程序如下：

```
import torchvision.transforms as transforms
import torchvision.datasets as datasets
import torch.utils.data as data
```

```
# 数据集路径，如果没有，须新建一个文件夹
data_path = 'data'
# 定义转换
transform = transforms.Compose([transforms.ToTensor()])    # 转换 PIL.image 或 numpy.ndarray 到
                                                           # torch.FloatTensor，归一化到 [0.0, 1.0]
# 训练集 root 是数据集的根目录，download 表示如果没有数据集则从网上下载，train 为布尔值，用于
# 指定加载数据集的哪部分——训练集还是测试集，transform 是将数据转化为指定形式
train_data = datasets.CIFAR10(root=data_path,train=True, download=True, transform=transform)
# 测试集
test_data = datasets.CIFAR10(root=data_path, train=False, download=True, transform=transform)
# 数据加载器
train_loader = data.DataLoader(train_data, batch_size=64, shuffle=True)
test_loader = data.DataLoader(test_data, batch_size=64, shuffle=False)
```

2. 注意事项

(1) 数据转换：transform 参数是一个非常重要的概念，它用于在数据加载到模型之前对原始数据进行预处理或增强。这个参数是一个可调用对象（通常是一个函数或类实例），它接收原始数据（在这个例子中是 CIFAR-10 数据集中的图像）作为输入，并返回经过转换后的数据。transform 参数是 torchvision.datasets.CIFAR10() 或类似的数据集加载类的一个参数，它允许用户指定一个或多个数据转换操作。这些转换操作可以包括数据增强（如随机裁剪、翻转、旋转等）、归一化、类型转换等，旨在提高模型的泛化能力或确保数据符合模型训练的要求。

(2) 下载数据集：如果第一次使用某个数据集，设置 'download=True' 会自动从互联网下载数据集到指定的路径。如果数据集已经下载，则库会使用本地副本。

(3) 批量和乱序：DataLoader 的 batch_size 参数控制每个批次加载多少样本，shuffle=True 表示在每轮次 (epoch) 开始时打乱数据。

(4) 使用 torchvision.datasets 可以极大地简化数据加载和预处理的工作，让开发人员更专注于模型的构建和训练。

三、PyTorch 用法

1. PyTorch 基本介绍

PyTorch 是一个开源的机器学习库，用于计算机视觉和自然语言处理等领域，由 Facebook 的人工智能研究团队开发。它被广泛应用于学术界和工业界，因其灵活性、速度和易用性而受到欢迎。以下是 PyTorch 的一些关键特性。

(1) 动态计算图：PyTorch 使用动态计算图（也称为自动微分系统），这意味着图的结构可以在运行时改变。这为模型的设计和调试提供了极大的灵活性。

(2) 易于使用的 API：PyTorch 提供了丰富的 API，使得构建和训练深度学习模型变得简单直观。它支持多种深度学习模型，包括卷积神经网络 (CNN)、循环神经网络 (RNN)、

长短期记忆网络 (LSTM) 等。

(3) GPU 加速：PyTorch 支持 CUDA(计算机统一设备架构)，这使得在 NVIDIA GPU 上进行计算可以大大加速，从而提高训练深度和学习模型的速度。

(4) 扩展性和社区支持：PyTorch 拥有一个活跃的社区，提供了大量的预训练模型和工具，使得研究人员和开发人员可以轻松地复用代码和模型。此外，PyTorch 还支持扩展，允许用户使用 C++ 等语言来扩展其功能。

(5) 与其他库的集成：PyTorch 可以轻松与其他科学计算库 (如 NumPy) 集成，并且可以转换为 ONNX(Open Neural Network Exchange) 格式，这使得 PyTorch 训练的模型可以在不同的平台和设备上运行。

(6) 教育资源：由于其简单性和灵活性，PyTorch 已成为学术界教授深度学习的首选库之一，网上有大量的教程、课程和文档可供学习。

PyTorch 适用于从事机器学习、深度学习研究和开发的科研人员、工程师和学生使用。它不仅适用于开发新的研究项目，也适用于在生产环境中部署机器学习模型。

2. PyTorch 基本用法

PyTorch 的基本用法包括模型的创建、训练和测试，代码遵循以下步骤。

(1) 定义模型：自定义一个新的卷积神经网络。

(2) 创建模型：实例化定义的网络模型，并将其部署到合适的设备上 (CPU 或 GPU)。

(3) 定义损失函数和优化器：选择适合任务的损失函数和优化器。

(4) 训练模型：编写训练循环，包括前向传播、计算损失、反向传播和参数更新。

(5) 测试模型：在测试集上评估模型的性能。

1) 定义模型

可以利用 pytorch.nn 类来轻松构建一个新的神经网络，只需新建一个类并继承 pytorch.nn 类即可。以下是示例代码。

```
class Net(nn.Module):
# 在类 Net 的构造函数 __init__ 中定义网络的各种元件，主要有卷积层、池化层、全连接层等
    def __init__(self):
        super(Net, self).__init__()
        self.conv1 = nn.Conv2d(3, 6, 5)          # 创建卷积层，前 2 个参数分别为二维卷积核的
                                                 # 长、宽，第 3 个参数为卷积层中卷积核的个数，也可以称为卷积层的高
        self.pool = nn.MaxPool2d(2, 2)           # 创建池化层，参数为池化层的长、宽
        self.conv2 = nn.Conv2d(6, 16, 5)         # 创建一个长为 6、宽为 16、高为 5 的卷积层
        self.fc1 = nn.Linear(16 * 5 * 5, 120)    # 创建全连接层，参数分别为上一层的神经元个数
                                                 # 和下一层的神经元个数
        self.fc2 = nn.Linear(120, 84)            # 创建全连接层，上一层神经元为 120 个，下一层
                                                 # 为 84 个
        self.fc3 = nn.Linear(84, 10)             # 创建全连接层，因为是上个全连接层的后续层，
        # 所以第 1 个参数为 84，要输出的物品分类数为 10，所以最后输出层神经元的个数为 10
```

```
# 重写 forward 函数，定义网络的层级结构
    def forward(self, x):
        x = self.pool(F.relu(self.conv1(x)))        # 卷积层 self.conv1 后面接上池化层 self.pool
        x = self.pool(F.relu(self.conv2(x)))        # 卷积层 self.conv2 后面接上池化层 self.pool
        x = x.view(-1, 16 * 5 * 5)                   # 把二维层转为线性结构
        x = F.relu(self.fc1(x))                      # 设置激活函数为 relu
        x = F.relu(self.fc2(x))
        x = self.fc3(x)
        return x                                     # 返回神经网络的输出
```

2) 创建模型

根据类 Net 实例化一个神经网络，并把它部署到指定设备上，代码如下：

```
model = Net().to(device)
```

3) 定义损失函数和优化器

定义损失函数和优化器，代码如下：

```
# 损失函数及优化器将在总结中详细讲到
criterion = nn.CrossEntropyLoss()                    # 定义损失函数
optimizer = optim.SGD(model.parameters(), lr=0.001, momentum=0.9)   # 定义优化器
```

4) 训练模型

训练模型代码如下：

```
num_epochs = 10                                     # 训练轮数
for epoch in range(num_epochs):
    running_loss = 0.0
    for i, data in enumerate(train_loader, 0):      # 递归读取训练数据
        inputs, labels = data[0].to(device), data[1].to(device)        # 获取数据和对应的标签
        optimizer.zero_grad()                       # 将梯度设置为 0
        outputs = model(inputs)                     # 获得输出
        loss = criterion(outputs, labels)           # 获得模型损失
        loss.backward()                             # 根据损失获得神经网络每个参数的梯度
        optimizer.step()                            # 根据优化器的算法和梯度更新参数
        running_loss += loss.item()                 # 获得累计损失
        if i % 2000 == 1999:                        # 每 2000 个批次打印一次训练损失
            print(f'Epoch {epoch + 1}, Batch {i + 1}, Loss: {running_loss / 2000:.4f}')
            running_loss = 0.0
print(' 训练完成 ')
```

上述代码中，data、inputs、labels 和 train_loader 之间的关系是数据加载和预处理的关键部分，它们用于在训练神经网络时迭代地提供输入数据和相应的标签。以下是它们之间关系的详细解释。

(1) train_loader：train_loader 是一个 DataLoader 对象，它封装了一个数据集（在这个

例子中是 CIFAR-10 训练集)，并允许以批次 (batch) 的形式迭代地加载数据。DataLoader 提供了多线程加载、打乱数据、批量采样等功能，使得数据加载更加高效和灵活。

(2) data：在"for i, data in enumerate(train_loader, 0):"循环中，data 是从 train_loader 中迭代加载的单个批次的数据。一个批次包含了多个样本。

在 PyTorch 中，data 通常是一个元组 (tuple)，其中包含了该批次的所有样本的输入 (如图像) 和标签。具体到本项目情况，data 是一个包含两个元素的元组即 (inputs, labels)，在这个循环中，通过索引 data[0] 和 data[1] 来分别获取它们。

(3) inputs：inputs 是从 data 中获取的输入数据 (如图像)，它们是这个批次中所有样本的输入。在将 inputs 传输到网络之前，可能还需要执行一些额外的操作，比如将它们发送到正确的设备 (CPU 或 GPU) 上，这通过 ".to(device)" 实现。

(4) labels：labels 是与 inputs 相对应的标签，表示每个输入样本的类别。与 inputs 一样，labels 也需要被发送到正确的设备上。

5) 测试模型

测试模型代码如下：

```
correct = 0
total = 0
with torch.no_grad():
    for data in test_loader:                              # 递归读取测试数据
        images, labels = data[0].to(device), data[1].to(device)
        outputs = model(images)
        _, predicted = torch.max(outputs.data, 1)         # 获取神经网络的预测结果 predicted，具
                                                          # 体过程为获取输出最大值的位置索引
        total += labels.size(0)
        correct += (predicted == labels).sum().item()     # 获取分类正确的标签
print(f' 模型在 10000 份样例测试后的正确率为 : {100 * correct / total}%')
```

测试模型的代码解释如下：

(1) 变量解释：

correct 用于记录模型正确预测的样本数量，初始化为 0。

total 用于记录测试集中样本的总数量，初始化为 0。

(2) torch.no_grad() 上下文管理器：

该管理器会暂时将 PyTorch 设置为评估模式，即在这个代码块内部，所有的计算都不会进行梯度追踪 (即不会计算梯度)，这可以节省内存并加速计算。在评估模型时，不需要计算梯度，因为评估的目的是得到模型在未见过的数据上的性能，而不是训练模型。

(3) 循环遍历测试集：

"for data in test_loader:" 循环会遍历测试数据加载器 test_loader 中的所有批次。test_loader 是一个 DataLoader 对象，它封装了测试数据集，并允许按批次迭代地加载数据。

(4) 数据处理和模型预测：

• images, labels = data[0].to(device), data[1].to(device)：从 data(一个包含图像和标签

的元组) 中分离出图像和标签，并将它们发送到指定的设备 (如 CPU 或 GPU) 上。这里假设 device 是一个字符串，表示目标设备的类型 (如 'cuda' 表示 NVIDIA GPU)。

• outputs = model(images)：将图像输入模型，得到模型对每个图像类别的预测输出。outputs 是一个形状为 [batch_size, num_classes] 的张量，其中 batch_size 是当前批次的样本数，num_classes 是类别的总数。

• _, predicted = torch.max(outputs.data, 1)：使用 torch.max 函数找到每个样本预测输出中最大的元素 (即最可能的类别)，并返回这些最大值的位置索引。这里，outputs.data 实际上是多余的，因为在 PyTorch 0.4 及以后的版本中，.data 属性已被弃用，可以直接使用 outputs。"_" 是一个占位符，用于接收我们不关心的最大值本身，而 predicted 则包含了每个样本的预测类别索引。

(5) 计算准确率：

• total += labels.size(0)：累加当前批次的样本数到 total 变量中。labels.size(0) 返回当前批次中样本的数量 (即 batch_size)。

• correct += (predicted == labels).sum().item()：首先，通过比较预测类别 predicted 和真实标签 labels 是否相等，得到一个布尔张量，其中每个元素表示对应样本的预测是否正确。然后，使用 .sum() 方法将布尔张量中的 True 值 (在 PyTorch 中，True 被视为 1) 相加，得到该批次中正确预测的样本数。最后，使用 .item() 方法将这个标量张量转换为 Python 数值，并累加到 correct 变量中。

这段代码完成了模型的定义、训练和测试过程。首先，模型被实例化并部署到合适的设备上。接着，定义了损失函数和优化器。然后，通过多个 epoch 对模型进行训练，每个 epoch 都会遍历训练数据集，并进行梯度下降。最后，模型在测试集上进行评估，计算并打印了准确率。

在神经网络中，损失函数和优化器是两个至关重要的组件，它们共同决定了模型训练的效果和效率。损失函数 (Loss Function) 是用于衡量模型预测值与真实值之间差异的函数，其目标是通过最小化这个差异来优化模型参数。损失函数的选择对于模型的训练效果至关重要，不同的损失函数适用于不同的任务和数据集。损失函数通常分为分类损失函数和回归损失函数。分类损失函数是用于分类问题的损失函数，衡量模型预测离散型变量与真实标签之间的差异。常见的分类损失函数包括交叉熵损失函数 (Cross-Entropy Loss)、Focal Loss 函数、Hinge 损失函数等。其中交叉熵损失函数衡量模型预测概率分布与真实标签概率分布之间的差异，常用于二分类和多分类问题。交叉熵损失函数对预测概率的微小变化非常敏感，尤其当真实标签的概率接近 0 或 1 时。回归损失函数是用于回归问题的损失函数，衡量模型预测连续型变量与真实值之间的差异。常见的回归损失函数包括均方误差损失函数 (MSE)、平均绝对误差损失函数 (MAE) 和 Huber 损失函数等。

优化器 (Optimizer) 是用于调整神经网络参数以最小化损失函数的一类算法。在训练过程中，优化器根据损失函数计算出的梯度信息来更新模型的参数，使得模型能够更好地拟合训练数据。常见的优化器有随机梯度下降 (Stochastic Gradient Descent，SGD)、动量法、Adagrad、RMSprop、Adam 等优化器。其中随机梯度下降优化器是指每次迭代从训练数据中随机选择一个样本来计算梯度并更新模型参数。SGD 计算速度快但收敛过程可能波动较大。

通过合理选择损失函数和优化器，可以显著提高模型的训练效果和效率。在本任务中，选择的损失函数和优化器组合为交叉熵损失函数和 SGD 优化器。

四、Python 迭代器

1. 基本介绍

在上述代码中，train_loader 和 test_loader 的用法比较特别，实际上这就是迭代器的用法，迭代器允许用户分批量地根据已生成的数据和一定规则递归生成下一个数据，这样可以节省大量载入时间和运行资源。

2. 使用方法

Python 中的迭代器是一个实现了迭代器协议的对象，它包含两个方法：__iter__() 和 __next__()。迭代器可以遍历一个可迭代对象 (如列表、元组或字符串)，即在一个数据集合中逐一访问元素。以下是创建和使用迭代器的基本步骤：

(1) 定义迭代器类：创建一个类，定义 __iter__() 和 __next__() 方法。__iter__() 方法返回迭代器对象本身。__next__() 方法返回下一个元素，并在没有更多元素时抛出"StopIteration"异常。

(2) 创建迭代器对象：实例化迭代器类。

(3) 使用迭代器：使用 for 循环来访问元素。

3. 示例代码

```python
class CountDown:
    def __init__(self, start):
        self.current = start
    def __iter__(self):
        return self
    def __next__(self):
        if self.current <= 0:
            raise StopIteration
        else:
            num = self.current
            self.current -= 1
            return num
# 创建迭代器对象
counter = CountDown(3)
# 使用 for 对迭代器进行迭代
for num in counter:
    print(num)
```

这个例子中，CountDown 是一个简单的倒计时迭代器，从指定的数字开始，递减到 1。每次调用 __next__() 方法时，它返回当前的计数并递减计数。当计数到达 0 时，抛出 StopIteration 异常，迭代结束。运行结果如图 10-6 所示。

图 10-6　简单的倒计时迭代器运行结果

▼ 任务实现

使用 torchvision、PyTorch 等工具包，针对 CIFAR10 数据集进行 CNN 模型训练和测试，实现一个简单的图像识别程序。程序代码如下：

```python
import torch
import torch.nn as nn
import torch.optim as optim
import torchvision
import torchvision.transforms as transforms
import torchvision.datasets as datasets
import torch.utils.data as data
import torch.nn.functional as F
import os
device = torch.device("cuda:0" if torch.cuda.is_available() else "cpu")   # 如果你的计算机中有类似显卡
    # 的运算加速器，那么可以调用它来对你的程序进行加速。你需要安装显卡驱动及 cuda 工具包
print("Using device:", device)
os.environ['KMP_DUPLICATE_LIB_OK']='TRUE'
#1. 加载数据集
# 数据集路径
data_path = 'data'
# 训练集
train_data=datasets.CIFAR10(data_path,train=True,transform=transforms.ToTensor(),download=True)
# 测试集
test_data=datasets.CIFAR10(data_path,train=False,transform=transforms.ToTensor(),download=True)
# 数据加载器
train_loader = data.DataLoader(train_data, batch_size=64, shuffle=True)
test_loader = data.DataLoader(test_data, batch_size=64, shuffle=False)
#2. 定义模型
class Net(nn.Module):
    def __init__(self):
```

```
            super(Net, self).__init__()
            self.conv1 = nn.Conv2d(3, 6, 5)
            self.pool = nn.MaxPool2d(2, 2)
            self.conv2 = nn.Conv2d(6, 16, 5)
            self.fc1 = nn.Linear(16 * 5 * 5, 120)
            self.fc2 = nn.Linear(120, 84)
            self.fc3 = nn.Linear(84, 10)
        def forward(self, x):
            x = self.pool(F.relu(self.conv1(x)))
            x = self.pool(F.relu(self.conv2(x)))
            x = x.view(-1, 16 * 5 * 5)
            x = F.relu(self.fc1(x))
            x = F.relu(self.fc2(x))
            x = self.fc3(x)
            return x
#3. 训练模型
# 创建模型
net = Net().to(device)
# 损失函数
criterion = nn.CrossEntropyLoss()
# 优化器
optimizer = optim.SGD(net.parameters(), lr=0.01, momentum=0.9)
# 训练模型
for epoch in range(10):
    running_loss = 0.0
    for i, data in enumerate(train_loader, 0):
        inputs, labels = data[0].to(device), data[1].to(device)
        optimizer.zero_grad()
        outputs = net(inputs)
        loss = criterion(outputs, labels)
        loss.backward()
        optimizer.step()
        running_loss =running_loss+loss.item()
    print('[%d, %5d] loss: %.3f' % (epoch + 1, i + 1, running_loss/i))
print('Finished Training')
#4. 测试模型
correct = 0
total = 0
with torch.no_grad():
```

```
        for data in test_loader:
            images, labels = data[0].to(device), data[1].to(device)
            outputs = net(images)
            _, predicted = torch.max(outputs.data, 1)
            total += labels.size(0)
            correct += (predicted == labels).sum().item()
print('Accuracy of the network on the 10000 test images: %d %%' % (100 * correct / total))
# 保存模型
torch.save(net.state_dict(), 'model.pth')
print('Model has been saved!')
#5. 加载模型
net = Net()
net.load_state_dict(torch.load('model.pth'))
print('Model has been loaded!')
#6. 使用模型
# 预测
dataiter = iter(test_loader)
images, labels = next(dataiter)
outputs = net(images)
_, predicted = torch.max(outputs, 1)
print('Predicted: ', ' '.join('%5s' % predicted[j].item() for j in range(4)))
#7. 查看数据
# 查看数据
import matplotlib.pyplot as plt
import numpy as np
#functions to show an image
def imshow(img):
    img = img/2 + 0.5    # unnormalize
    npimg = img.numpy()
    plt.imshow(np.transpose(npimg, (1, 2, 0)))
    plt.show()
imshow(torchvision.utils.make_grid(images))
#print labels
print(' '.join('%5s' % labels[j].item() for j in range(4)))
```

图像识别程序的运行过程数据如图 10-7 所示。

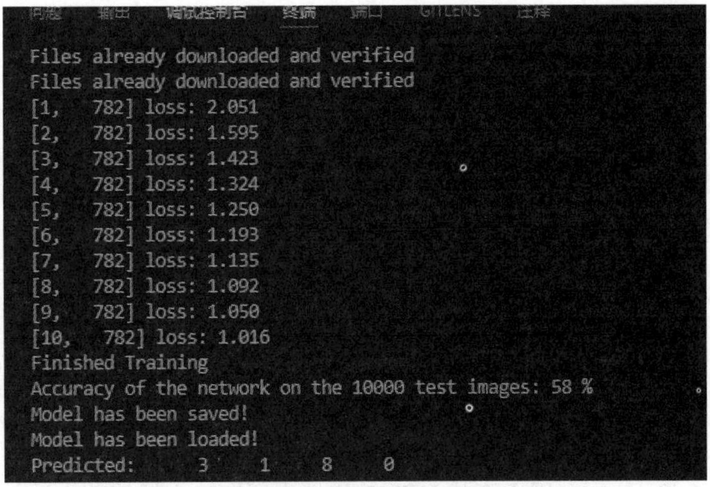

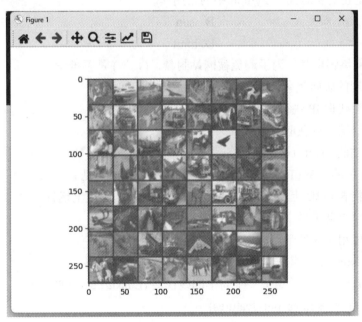

图 10-7　图像识别程序的运行过程数据

可以看到每次迭代总的损失都在降低，最终正确率结果为 58%，图像识别程序的运行结果如图 10-8 所示。

图 10-8　图像识别程序的运行结果

小　　结

本章首先介绍了 requests、selenium 功能包的用法，并根据网页源代码分析并提取网站内容的方法；然后介绍了 torchvision 载入训练数据的方法和 Python 迭代器的基本属性和特点并进行自定义迭代器；最后，在任务实现环节利用 PyTorch、torchvision 等工具包实现了一个简单的图像识别程序。

习 题

一、选择题

1. (   ) 是 Python 中用于网络爬虫的常用库。

A. NumPy

B. Pandas

C. BeautifulSoup

D. Matplotlib

2. 在使用 requests 库发送 HTTP 请求时，用于发送 GET 请求的方法是 (   )。

A. requests.post()

B. requests.get()

C. requests.send()

D. requests.request()

3. 在 BeautifulSoup 中，用于查找 HTML 文档中所有特定标签的方法是 (   )。

A. find()

B. find_all()

C. select()

D. get()

4. (   ) 是正则表达式在 Python 中的常用库。

A. re

B. json

C. xml

D. html

5. 在进行网络爬虫时，为了避免被网站封禁，(   ) 是不推荐的。

A. 设置合理的访问频率

B. 使用多个代理 IP 进行访问

C. 频繁发送请求以获取更多数据

D. 遵守网站的 robots.txt 协议

6. PyTorch 中的张量 (Tensor) 与 NumPy 数组的主要区别是 (   )。

A. 张量只能在 GPU 上运行，而 NumPy 数组只能在 CPU 上运行

B. 张量支持自动求导，而 NumPy 数组不支持

C. 张量只能用于深度学习模型，而 NumPy 数组用途更广

D. 张量和 NumPy 数组在功能上完全相同，只是名称不同

7. 在 PyTorch 中，用于定义一个简单的线性层 (Linear Layer) 的是 (   )。

A. nn.Linear(in_features, out_features)

B. torch.linear(input, weight)

C. nn.Conv2d(in_channels, out_channels, kernel_size)

D. torch.matmul(input, weight)

8. PyTorch 中的 DataLoader 类主要用于 (   )。

A. 数据清洗和预处理

B. 数据增强

C. 自动加载数据集并提供批量数据

D. 可视化数据

9. 在训练深度学习模型时，通常使用 (　　) 优化器来调整模型的权重。

A. torch.optim.SGD　　　　　　　　B. torch.nn.Module

C. torch.utils.data.DataLoader　　　　D. torch.nn.functional.relu

10. PyTorch 中的 torch.no_grad() 上下文管理器的主要作用是 (　　)。

A. 加速计算过程　　　　　　　　　B. 在执行期间不计算梯度

C. 初始化模型参数　　　　　　　　D. 自动调整学习率

二、程序题

1. 使用 requests 库发送一个 GET 请求到指定的 URL，并打印出响应的状态码和响应内容。

2. 使用 BeautifulSoup 解析一个 HTML 文档，提取出所有的 <a> 标签的 href 属性，并打印出来。

3. 编写一个简单的网络爬虫，爬取一个网页上的所有图片链接，并将图片保存到本地文件夹中。要求使用 requests 库获取网页内容，使用 BeautifulSoup 解析 HTML，使用正则表达式匹配图片链接。

4. 使用 PyTorch 实现一个线性回归模型，该模型能够根据输入特征 x 预测输出 y。假设你已经有了训练数据集 x_train 和 y_train，以及测试数据集 x_test。试编写代码来定义模型、训练模型，并在测试集上进行预测。

5. 假设你有一个图像分类任务，图像数据已经加载到 DataLoader 中。试编写代码来定义一个包含至少一个卷积层、一个池化层和一个全连接层的简单卷积神经网络 CNN。然后，使用交叉熵损失函数和 SGD 优化器来训练这个网络，并在验证集上评估其性能。

6. 在某些情况下，标准的损失函数可能不满足特定任务的需求。试编写一个自定义的损失函数，该函数计算预测值与真实值之间的某种特定差异 (如绝对误差的平方的对数)。然后，在一个简单的回归任务中使用这个自定义损失函数来训练模型。

附录 A Python 基础语法要点

文件操作函数

< 变量名 >=open(< 文件名 >,< 打开模式 >)
< 变量名 >.close()
<file>.readall()
<file>.read(size=-1)
<file>.readline(size=-1)
<file>.readlines(hint=-1)
<file>.write(s)
<file>.writelines(lines)
<file>.seek(offset)

程序的分支

单分支结构	多分支结构
if< 条件 >:	if< 条件 1>:
< 语句块 >	< 语句块 1>
二分支结构	elif< 条件 2>:
if< 条件 >:	< 语句块 2>
< 语句块 1>	...
else:	else:
< 语句块 2>	< 语句块 N>
或：	

< 表达式 1> if < 条件 >else < 表达式 2>

列表类型特有的函数或方法

ls[i]=x	ls.append(x)
ls[i:j]=lt	ls.clear()
ls[i:j:k]=lt	ls.copy()
del ls[i:j]	ls.remove(x)
del ls[i:j:k]	ls.insert(i,x)
ls*=n	ls.pop(i)
s+=t 或 ls.extend(t)	ls.reverse(x)

程序的循环结构 字符串处理函数

遍历循环
for < 循环变量 > in < 遍
历结构 >:
    < 语句块 >

无限循环
while < 条件 >:
    < 语句块 >

len(x)
str(x)
chr(x)
ord (x)
hex(x)
oct(x)

序列类型的通用操作符和函数

x in s	s[i:j:k]
x not in s	min(s)
s+ t	max(s)
s*t	s.index(x[,i[,j]])
s[i]	s.count(x)
s[i:j]	len(s)

集合类型的操作函数或方法

S.add(x)	S.indisjoint(T)
S.clear()	x in S
S.copy()	x not in S
S.pop()	len(S)
S.discard(x)	
S.remove(x)	

字典的方法或操作 集合类型的操作符

<d>.keys()	S-T
<d>.values ()	S-=T
<d>.items()	S&T
<d>.	S&=T
get(<key>,<default>)	S^T
<d>.popitem()	S=^T
<d>.	S|T
pop(<key>,<default>)	S=|T
<d>.clear()	S<=T
del <d>[<key>]	S>=T
<key> in <dict>	

Python 语言保留字 (33 个)

False、elif、lambda、None、else、del、nonlocal、
True、except、not、and、is、finally、or、as、for、
pass、yield、assert、from、raise、break、global、
return、class、if、try、continue、import、while、
def、in、with

库编程

import A	from A import *
A.b()	b() + c()
from A import b,c	
b() + c()	

附录 B Python 学习资源

1. https://www.python.org/
提供 Python 的官方文档、安装包、社区支持等，是学习 Python 的权威平台之一。

2. https://www.nowcoder.com/
提供丰富的题库、竞赛及求职交流机会，适合准备面试和提升编程能力的学习者。

3. https://www.csdn.net/
国内知名的编程知识分享平台，涵盖各种技术领域的文章、教程和源码的分享。

4. https://www.runoob.com/python/python-tutorial.html
提供了从 Python 基础语法到实战应用的全面教程，内容通俗易懂。

5. https://www.w3school.com.cn/
综合性的学习网站，包含对 Python 的详细讲解和实战案例，资源全部免费使用。

6. https://www.cnblogs.com/
有许多 Python 开发者在这里分享自己的技术文章和教程。

7. https://study.163.com/
提供丰富的 Python 学习资源，包括视频教程、实战项目等。

8. https://www.bilibili.com/
提供大量 Python 学习的视频教程，内容涵盖从入门到进阶的各个方面。

9. https://www.imooc.com/
提供 Python 等多种编程语言的在线课程，适合系统学习。

10. https://python123.io/
提供在线训练和刷题功能，适合巩固知识。

11. https://ke.qq.com/
提供 Python 等编程语言的在线课程，适合不同学习需求的学习者。

12. https://www.lanqiao.cn/courses/
提供基于实验和项目的 Python 教程，适合实践学习。

13. https://www.runoob.com/python3/python3-tutorial.html
提供 Python3 教程，内容详尽，是国内知名的 IT 技术教程网站。

14. https://docs.python.org/zh-cn/3/
提供 Python 编程语言详细的语法说明、库文档和教程。

15. https://tensorflow.google.cn/
提供了丰富的教程和资源，适合学习机器学习和深度学习。

参 考 文 献

[1] 刘凡馨，夏帮贵. Python 3 基础教程 [M]. 2 版 | 慕课版. 北京：人民邮电出版社，2020.

[2] 嵩天，礼欣，黄天羽. Python 语言程序设计基础 [M]. 2 版. 北京：高等教育出版社，2017.

[3] 戴歆，罗玉军. Python 开发基础 [M]. 北京：人民邮电出版社，2018.

[4] 刘春茂，裴雨龙，展娜娜. Python 程序设计案例课堂 [M]. 北京：清华大学出版社，2017.

[5] 蔡永铭. Python 程序设计基础 [M]. 北京：人民邮电出版社，2019.

[6] 张健，张良均. Python 编程基础 [M]. 北京：人民邮电出版社，2018.